Spark: Big Data Cluster Computing in Production

Spark
大数据集群计算的生产实践

[美] Ilya Ganelin　[西] Ema Orhian　[日] Kai Sasaki　[美] Brennon York　著
李刚　译　周志湖　审校

電子工業出版社
Publishing House of Electronics Industry
北京•BEIJING

内 容 简 介

本书涵盖了开发及维护生产级 Spark 应用的各种方法、组件与有用实践。全书分为 6 章，第 1 ~ 2 章帮助读者深入理解 Spark 的内部机制以及它们在生产流程中的含义；第 3 章和第 5 章阐述了针对配置参数的法则和权衡方案，用来调优 Spark，改善性能，获得高可用性和容错性；第 4 章专门讨论 Spark 应用中的安全问题；第 6 章则全面介绍生产流，以及把一个应用迁移到一个生产工作流中时所需要的各种组件，同时对 Spark 生态系统进行了梳理。

本书不会讲述入门级内容，读者在阅读前应已具备 Spark 基本原理的知识。本书适合 Spark 开发人员、Spark 应用的项目经理，以及那些考虑将开发的 Spark 应用程序迁移到生产环境的系统管理员（或者 DevOps）阅读。

Spark: Big Data Cluster Computing in Production, 978-1-119-25401-0, Ilya Ganelin, Ema Orhian, Kai Sasaki, Brennon York

版权贸易合同登记号 图字：01-2016-6363

图书在版编目（CIP）数据

Spark：大数据集群计算的生产实践 /（美）伊利亚 • 甘列林（Ilya Ganelin）等著；李刚译. —北京：电子工业出版社，2017.5

书名原文：Spark: Big Data Cluster Computing in Production

ISBN 978-7-121-31364-6

Ⅰ. ①S… Ⅱ. ①伊… ②李… Ⅲ. ①数据处理软件Ⅳ. ①TP274

中国版本图书馆 CIP 数据核字(2017)第 077641 号

责任编辑：许　艳

印　　刷：北京天宇星印刷厂

装　　订：北京天宇星印刷厂

出版发行：电子工业出版社

北京市海淀区万寿路 173 信箱　邮编：100036

开　　本：787×980　1/16　印张：13.75　字数：226.5 千字

版　　次：2017 年 5 月第 1 版

印　　次：2017 年 5 月第 1 次印刷

定　　价：65.00 元

凡所购买电子工业出版社图书有缺损问题，请向购买书店调换。若书店售缺，请与本社发行部联系，联系及邮购电话：（010）88254888，88258888。

质量投诉请发邮件至 zlts@phei.com.cn，盗版侵权举报请发邮件至 dbqq@phei.com.cn。

本书咨询联系方式：010-51260888-819，faq@phei.com.cn。

关于作者

Ilya Ganelin 从机器人专家成功跨界成为一名数据工程师。他曾在密歇根大学花费数年时间研究自发现机器人（self-discovering robot），在波音公司从事手机及无线嵌入式 DSP（数据信号处理）软件开发项目，随后加入 Capital One 的数据创新实验室，由此进入大数据领域。Ilya 是 Apache Spark 核心组件的活跃贡献者以及 Apache Apex 的提交者（committer），他希望研究构建下一代分布式计算平台。同时，Ilya 还是一个狂热的面包烘焙师、厨师、赛车手和滑雪爱好者。

Ema Orhian 是一位对伸缩性算法充满激情的大数据工程师。她活跃于大数据社区，组织会议，在会上发表演讲，积极投身于开源项目。她是 jaws-spark-sql-rest（SparkSQL 数据仓库上的一种资源管理器）的主要提交者。Ema 一直致力于将大数据分析引入医疗领域，开发一个对大型数据集计算统计指标的端到端的管道。

Kai Sasaki 是一位日本软件工程师，对分布式计算和机器学习很感兴趣。但是一开始他并未从事 Hadoop 或 Spark 相关的工作，他最初的兴趣是中间件以及提供这些服务的基础技术，是互联网驱使他转向大数据技术领域。Kai 一直是 Spark 的贡献者，开发了不少 MLlib 和 ML 库。如今，他正尝试研究将机器学习和大数据结合起来。他相信 Spark 在大数据时代的人工智能领域也将扮演重要角色。他的 GitHub 地址为：`https://github.com/Lewuathe`。

Brennon York 既是一名特技飞行员，也是一位计算机科学家。他的爱好是分布式计算、可扩展架构以及编程语言。自 2014 年以来，他就是 Apache Spark 的核心贡献者，目标是通过发展 GraphX 和核心编译环境，培育一个更强大的 Spark 社区，激发更多合作。从为 Spark 提交贡献开始，York 就一直在用 Spark，而且从那个时候开始，就使用 Spark 将应用带入生产环境。

关于技术编辑

Ted Yu 是 HortonWorks 公司[1]的资深工程师，也是 HBase PMC 以及 Spark 的贡献者。Yu 在 Spark 领域有不少经验。

Dan Osipov 是 Applicative, LLC 的首席技术顾问，有两年的 Spark 工作经验，四年 Scala 开发经验，主要从事数据工具及数据应用方面的工作。他曾参与移动开发及内容管理系统项目。

Jeff Thompson 是从神经学跨界过来的数据科学家，获得加州大学伯克利分校视觉科学（主要为神经系统科学及脑显像）博士学位，在波士顿大学生物医学影像中心读完博士后。在工作的头几年，Jeff 在美国国内一家安全领域创业公司工作，职责是作为算法工程师构建下一代货物检查系统。最近两年他一直在博世公司（一家全球性的工程和制造公司）担任高级数据科学家。

Anant Asthana 是 Pythian 公司的大数据顾问及科学家。他在设备驱动器及高可用/临界负载的数据库系统领域有较深研究。

---

① Hortonworks 这个名字源自儿童书中一只叫 Horton 的大象。2011 年，雅虎剥离 Hadoop 业务，由 Eric Bladeschweiler，雅虎主导 Hadoop 开发的副总裁，带领二十几个核心成员成立 Hortonworks。成立伊始，Hortonworks 即获雅虎和 Benchmark 2300 万美元的投资，可谓含着银汤匙出生。此后 Hortonworks 一直受到资本市场追捧，IPO 前一共获得五轮共计 2.48 亿美元的融资，并于 2014 年底登陆纳斯达克。——译者注

Bernardo Palacio Gomez 在 Oracle 大数据库云服务团队担任技术咨询顾问。

Gaspar Munoz 是 Stratio（`http://www.stratio.com`）的产品架构师。Stratio 是第一个基于 Spark 的大数据平台，因此在 Spark 还处于孵化期时 Gaspar 就在从事 Spark 相关的开发工作。他为西班牙一些大银行上线了好几个使用 Spark core、Spark Streaming 以及 SparkSQL 的项目。他还是 Spark 和 spark-csv 项目的贡献者。

Brian Gawalt 于 2012 年从加州大学伯克利分校获得电气工程的博士学位。从那时起，他就一直在硅谷担任数据科学家，专注于大数据集上的机器学习。

Adamons Loizou 是 OVO Energy 公司的一名 Java/Scala 开发工程师。

致谢

特别感谢 Yuichi-Tanak 与 Kai，他们为本书第 6 章提供了生动的案例。

感谢每一位贡献了自己知识，使本书的出版成为可能的作者。感谢编辑为本书付出的宝贵时间以及我们的出版商 Wiley 公司。

感谢为本书的完成提供了直接或间接帮助的公司，正是它们在业务上的实践使作者们积累了宝贵经验，如今有能力将个人的经验贡献出来。感谢 Capital One 公司。

我们也感谢许多其他投入大量精力，从各方面帮助 Spark 作为一个生态更好地发展的公司。它们包括但不限于（如果有任何遗漏，请见谅）：DataBricks、IBM、Cloudera 以及 TypeSafe。

最后，要是没有那些为 Spark 项目做贡献的人，本书也是不可能出版的。在此，我们感谢 Spark 贡献者、Spark 项目管理委员会以及 Apache 软件基金会。

引言

Apache Spark 一个易于掌握的、面向大规模计算的分布式计算框架。它又被称为“计算网格”或者“计算框架”——考虑到 Spark 使开发人员能够便捷地获得大量数据且进行分析，这些说法也是正确的。

Apache Spark 由 Matei Zaharia 2009 年在加州大学伯克利分校创建，一开始把它作为一个研究项目，后来在 2010 年捐给开源社区。2013 年，Spark 作为一个孵化项目加入 Apache 软件基金会，并于 2014 年成为顶级项目（TLP），一直发展到现在。

本书面向的读者

如果你拿起这本书，我们认为你应该对 Spark 非常感兴趣。本书面向的读者群体是开发人员、Spark 应用的项目经理，以及那些准备考虑将开发的 Spark 应用程序迁移到生产环境的系统管理员（或者 DevOps）。

涵盖的内容

本书涵盖了开发及维护生产级 Spark 应用的各种方法论、组件与最佳实践。也就是说，我们假设你已经有一个或者打算开发一个 Spark 应用，并且具备 Spark 的一些基础知识。

内容结构

本书分为 6 章，旨在传授给读者以下知识：

- 深入理解 Spark 的内部机制以及它们在生产流程中的含义。
- 一组针对配置参数的法则和权衡方案，用来调优 Spark 以获得高可用性和容错性。
- 全面了解生产流，以及把一个应用迁移到一个生产工作流中时所需要的各种组件。

读者需要具备的知识

作为读者，你应该具备基本的 Spark 开发及使用的知识。本书不会讲述入门级内容。市面上有许多关于 Spark 入门的书籍、论坛及各类资源，如果你对某部分的知识点有所缺失，可以阅读相关主题的资料以便更好地理解本书所表达的内容。

本书示例的源代码可从 Wiley 网站上下载：（`www.wiley.com/go/sparkbigdataclustercomputing`。）

格式的约定

为帮助你了解本书的内容及主线，在本书用了一些格式约定。

注意 这个样例表示注意事项、小提示、暗示、技巧，或者当前讨论的旁白。

- 当介绍一些新的术语和重要的词时，会采用黑体（中文）或者加粗（英文）。
- 在文本里显示代码时会使用代码体，譬如：`persistence.properties`。

源码

学习本书中的示例时，你可以选择手动输入所有代码，或使用本书所配套的源码文件。所有的源码均可从 www.wiley.com 下载。对于本书，下载页面在 www.wiley.com/go/sparkbigdataclustercomputing 的“Download Code”标签页上。

可以在 www.wiley.com 上通过英文版的 ISBN（978-1-119-25401-0）来搜索本书。

你也可以在 https://github.com/backstopmedia/sparkbook 上找到这些文件。

下载完代码，随便用哪种解压工具解压即可。

读者服务

轻松注册成为博文视点社区用户（www.broadview.com.cn），扫码直达本书页面。

- **提交勘误**：您对书中内容的修改意见可在 提交勘误 处提交，若被采纳，将获赠博文视点社区积分（在您购买电子书时，积分可用来抵扣相应金额）。
- **交流互动**：在页面下方 读者评论 处留下您的疑问或观点，与我们和其他读者一同学习交流。

页面入口：http://www.broadview.com.cn/31364

目录

第 1 章

成功运行 Spark job

在初次横向扩展（scale out）某个 Spark 应用程序时，常常可能会遇到这种情况：该应用无法成功运行及完成其 job。Spark 框架有极强的扩展能力，但在不熟悉其特性的情况下难以直接使用。要知道，Spark 框架就是为了便于上手和使用而生的。不过，在完成应用程序开发之后，仍然需要大量的实践来帮助我们理解 Spark 的内部原理和配置，以便任务能够顺利运行。

本章为 Spark 应用程序能够成功运行做一些铺垫。我们重点关注硬件和系统层面的设计选项，这些都是解决 Spark 特有的问题，将应用程序迁移到生产环境之前需要设置和考虑的。

我们首先讨论 Spark 生产集群的几种安装方法，包括在给定工作负载下所需要的扩展效率、各种安装方法以及常见的设置。接下来，我们会回顾 Spark 历史沿革，以便更好地理解它的设计，在做技术选型时做出明智的判断。再接着，我们将了解 Spark 的资源管理：当创建和执行 Spark 应用程序时，内存、CPU 和磁盘如何发挥作用。然后，介绍 Spark 内部及其外部子系统的存储能力。最后，我们将以一个讨论结束本章：如何监控和管理 Spark 应用程序。

安装所需组件

在开始迁移一个 Spark 应用程序之前，通常需要在一个真实的集群环境里对它进行测试。有多种方法可以下载、编译和安装 Spark（方法不同，简易有别），本章我们将介绍几种主流方法。

首先，介绍如何配置安装原生（native）Spark，即仅安装 Spark。然后，我们会介绍不同的 Hadoop 发行版（譬如 Cloudera 和 Hortonworks），最后简述如何在 AWS 云平台上部署 Spark。

在深入探讨如何安装 Spark 之前，很容易想到一个问题："我应该用什么类型的硬件来搭建 Spark 集群？"对这个问题，有几种不同的回答，但我们重点想谈的是 Spark 框架的一些本质特征，而不是提供一个标准答案和具体的部署方案。

Spark 是一个内存（in-memory）计算网格，了解这一点很重要。因此，为实现效率的最大化，强烈建议你把系统作为一个整体，在 Spark 框架内留足内存，以满足可能的最大工作负载（或者数据集）的需要。并不是说不能在以后调整集群规模，但是若能提前规划则会更好，对大公司来说尤其应该如此，因为在大公司里订单的采购往往需要数周或数月的时间。

这里有必要再强调一下内存的概念，当你计算所需要的内存大小时，要明白这种计算并不是一对一的关系。也就是说，对于给定的 1 TB 数据集，实际需要的内存不止 1 TB。这是因为在 Java 里从一个数据集中创建对象时，这个对象通常比原来的数据元素大得多，是它的数倍。将这个膨胀倍数与所创建的对象数相乘，就能更准确地估计出系统完成给定任务所需要的内存大小。

为了更好地处理这个问题，Spark 一直在做一个名为"Tungsten"的项目，这个项目能利用堆外内存大大降低对象的内存开销。阅读这本书不需要了解多少与 Tungsten 项目有关的内容，但是 Tungsten 可能会应用于未来的 Spark 版本，因为 Tungsten 一直致力于成为事实上的内存管理系统。

本章要重点讨论的第二个问题是，在为 Spark 应用挑选硬件时需要为每台物理机器设定多少个 CPU 核？这个问题很难有完整的答案，因为一旦数据负载规范地加载到内存，应用程序通常会受到网络或者 CPU 的掣肘。这就是说，最简单的解决方案就是用一个相对小的数据集来测试你的 Spark 程序，弄清楚到底是网络还是 CPU 在制约着应用，然后制订相应的方案。

原生安装 Spark Standalone 集群

安装 Spark 最简单的方法是部署一个 Spark Standalone（单机）集群。此模式就是在集群的每个节点上部署编译好的 Spark 二进制文件，更新部分配置文件，然后在主节点和从节点中启动相应的进程。在第 2 章，我们会详细讨论这个过程，演示一个包含安装、部署和执行 Spark job 的简单场景。

由于 Spark 并未同 Hadoop 生态系统绑定，所以该模式除 Java JDK 以外无其他依赖。Spark 目前推荐使用 Java JDK 1.7。如果想在现有的 Hadoop 系统上运行 Spark，可以在已安装 Hadoop 的同一台机器上启动 Spark 进程，并配置 Spark 环境变量使其包含 Hadoop 的配置。

注意 更多关于使用 Cloudera 安装 Spark 的内容，可以访问 http://www.cloudera.com/content/www/en-us/documentation/enterprise/latest/topics/cdh_ig_spark_installation.html。更多关于使用 Hortonworks 安装 Spark 的内容，可以访问 http://hortonworks.com/hadoop/spark/#section_6。更多关于使用 AWS 安装 Spark 的内容，可以访问 http://aws.amazon.com/articles/4926593393724923。

分布式计算的发展史

前面已介绍过 Spark 是一个分布式计算框架，但是我们还没真正讨论这意味着什么。直到近些年，大多数个人和企业的计算机系统都是基于单机的系统。这些单机的形状、尺寸、配置都不尽相同，性能也有极大差异，目前依然如此。

我们对个人计算机的现代生态系统都已经很熟悉了。在低端领域，有平板电脑和手机，我们可以认为它们是能力相对弱的、未联网的计算机。往上一个级别，有笔记本电脑和台式机。它们更强大，具备更多的存储空间和计算能力，拥有一个或多个显卡（GPU），可以支持某些类型的大规模并行计算。再往上一个级别，就是在家庭中连入网络的计算机，但通常这些机器并没有在网络环境下分享它们的计算能力，而仅仅是提供共享存储——比如，在家庭网络中共享电影或者音乐。

在大多数企业里，如今的情形仍然和过去相差无几。尽管所用的机器可能会更强大，但大多数软件仍然是在单机上运行的，大部分工作也是在单机上完成的。这种现状限制了计算机的规模和工作潜力。鉴于这些限制，一些优秀的企业推动现代并行计算的发展，让联网的计算机不仅用于共享数据，还能协同利用它们的资源来处理更多的问题。

在公共领域，你可能听说过伯克利的 SETI@Home 项目[①]或者斯坦福的 Folding@Home 项目[②]。这两个项目都是具有首创精神的早期尝试，让个人贡献他们的机器来一起解决大规模分布式任务。SETI 项目一直在通过射电望远镜收集来自外太空的不寻常信号。而斯坦福的 Folding@Home 项目通过运行一系列程序来计算蛋白质的排列，主要用于构建分子来进行医学研究。

由于要处理的数据规模太大，就算是用某些大学或政府机构才有的超级计算机，研究人员终其一生也无法处理完项目所有的问题，更别提单台机器了。现在，我们把工作负载分发到多台机器上，使这类问题有可能得到解决——在确定的时间内得到解决。

---

① Search for Extra-terrestrial Intelligence，一项利用全球联网的计算机共同搜寻地外文明的科学实验计划，由美国著名高等学府加州大学伯克利分校创立，中心平台设立在伯克利空间科学实验室（Space Sciences Laboratory，SSL）。志愿者可以通过运行一个免费程序下载并分析从射电望远镜传来的数据来加入这个项目。——编者注

② 一个研究蛋白质折叠、误折、聚合及由此引起的相关疾病的分布式计算工程。该工程使用联网式计算和大量的分布式计算能力来模拟蛋白质折叠的过程，并指导对由折叠引起的疾病的一系列研究。——编者注

随着这些系统的成熟，其背后的计算机科学技术进一步发展，很多企业创建了计算机集群——一些协作的系统，可以将一个特定问题的工作任务分配到多台机器上，让可用的资源物尽其用。这些系统一开始仅在研究机构或者政府部门中使用，但很快就被应用到公共领域。

步入云时代

在该领域最知名的概念当然是众所周知的“云”。亚马逊推出 AWS（Amazon Web Service），后来谷歌、微软和其他公司又研发出一些同类产品。云的目的是为用户和机构提供可按需启用和按需扩展的机器集群。

与此同时，一些大学和公司也建立了自己的内部集群，而且不断地开发框架来完成富有挑战性的并行任务和计算。来自 Google 的 PageRank 算法就是一个扩展版本的 MapReduce 框架，它允许在由普通硬件所构建的集群上并行解决一些通用的问题。

这种构建算法的方式虽然并不是最高效的，但它可以大规模并行化并扩展到成千上万台机器上，推动该领域进入新的发展阶段。通过把性能相对较差和廉价的机器组成集群解决大规模计算的问题，而非通过超级计算机解决，这种想法使分布式计算迅速普及开来。

为了同 Google 竞争，雅虎开发了 Hadoop 平台，并随后在 Apache 基金会将其开源，它就是一个分布式计算的生态系统，包括一个文件系统（HDFS）、一个计算框架（MapReduce）和一个资源管理器（YARN）。Hadoop 不仅为企业搭建集群提供了极大的便利，而且使企业在这些集群中创建软件和执行并行程序，来处理多台机器上的海量分布式数据更加方便。

Spark 已经逐渐演变为 MapReduce 的替代方案，其设计理念是简化编写并发程序的难度，高效处理大规模问题。Spark 的主要贡献在于，它提供了一个强大而且简单的 API，能对分布式数据执行复杂的分布式操作。用户能够像为单机写代码一样开发 Spark 程序，但实际上程序是在集群上运行的。其次，Spark 利用集群内存减少了

MapReduce 对底层分布式文件系统的依赖，从而极大地提升了性能。凭借这些改进，Spark 取得巨大的成功并日益流行，所以你才会阅读本书学习它是如何实现的。

Spark 并不是所有任务都适用。因为 Spark 本质上是参照 MapReduce 范式设计的，它的长处是数据的抽取、转换和加载操作（Extract、Transform、Load，三者合称为 ETL）。这些处理方式通常被称为批处理——以分布式的方式高效地处理大量数据。批处理的缺点是通常会引入较大的延迟。尽管 Spark 开发人员花费了很多精力来提升 Spark Streaming 模式，但是它依然只能做到秒级的计算。因此，对于真正的低延迟、高吞吐量的应用来说，Spark 并不是一个合适的工具。对于很多应用场景，Spark 最擅长的还是处理典型的 ETL 工作负载，与传统的 MapReduce 相比，其性能有显著提升（高达 100 倍）。

理解资源管理

在介绍集群管理的章节，你会了解更多关于操作系统在单机进程间进行资源分配和分布的内容。然而，在分布式环境下，这些工作是由集群管理器来负责的。总的来说，在 Spark 生态系统中，主要关注三种类型的资源：磁盘存储、CPU 内核和内存。当然还有其他资源，如一些更高级的抽象：虚拟内存、GPU 以及分级存储。但是在构建 Spark 应用的环境（Context）时一般不需要关注这些。

磁盘存储

对于任何 Spark 应用而言，磁盘都是至关重要的，因为它存储了持久化的数据、中间的计算结果和系统状态。我们这里说的“磁盘存储”指的是存储数据的硬盘，比如传统的旋转主轴硬盘或先进的 SSD 固态硬盘和闪存。与其他所有资源一样，磁盘资源也是有限的。由于磁盘相对便宜，所以很多系统往往有大量的物理存储。但是在大数据环境下，耗尽这些便宜的大存储空间也是很常见的事情。为了持久性以及支持更高效的并行计算，我们倾向于采用复制数据这种方法。此外，我们通常会把经常用到的中间结果存储到磁盘上，来加快长时 job 的运行速度。因此，把磁盘视为有限的资源，了解其使用情况，是有好处的。

在单台机器上，与物理磁盘存储的交互是通过文件系统实现的——文件系统是一种提供用于读/写文件 API 的程序。在分布式环境中，数据分布在多台机器上，但仍然需要被作为一个逻辑实体进行访问，这就是分布式文件系统的职责。而管理分布式文件系统和监控它的状态通常是集群管理员需要完成的工作，他们跟踪资源的使用与配额，在必要情况下重新分配资源。像 YARN 及 Mesos 这些集群管理器可能也会对底层文件系统的访问进行管理，以便在同时执行多个应用程序时更好地分配资源。

CPU 核

计算机上的 CPU 是真正执行计算的处理器。如今的计算机往往有多个 CPU 核，意味着它们能并行执行多个进程。在一个集群中，有多台计算机，每台计算机有多个 CPU 核。在单台机器上，操作系统处理进程间的通信和资源共享。在分布式环境中，集群管理器为任务或应用分配 CPU 资源（核）。在介绍集群管理的章节里，你会学到 YARN 和 Mesos 如何保证并行运行的多个应用程序访问可用的 CPU 池以及公平地共享里面的资源。

当构建 Spark 应用时，把 CPU 核的数量和程序的并行度联系起来，或者与它能同时执行的任务数关联起来，也是很有帮助的。Spark 是建立在弹性分布式数据集（RDD）上的，RDD 是一种抽象，它把分布式数据集看作一个包含多个分区的单一实体。在 Spark 中，一个 Spark 任务（task）将在一个 CPU 核上处理一个 RDD 的一个分区。

因此，程序的并行度基本上取决于数据的分区数以及可用的 CPU 核数。假设有一个 Spark job 包含 5 个 stage（步骤），每个 stage 需要运行 500 个 task。如果我们只有 5 个可用的 CPU 核，这个 job 就需要很长时间才能完成。相反，如果有 100 个可用 CPU 核，而且数据已经分好区，譬如分为 200 个分区，Spark 就能更加高效地并行运算——同时运行 100 个任务，从而更快地完成 job。默认情况下，Spark 的一个 executor 仅使用 2 个核，因此在第一次执行 Spark job 时，可能会花费很长时间。第 2 章会讨论 executor 以及相关的核配置。

内存

内存对所有 Spark 应用而言几乎都是至关重要的。Spark 中像 shuffle（洗牌）这样的内部机制要用到内存，而 JVM 堆空间则用于将持久化的 RDD 放置到内存中，最小化磁盘 I/O，从而获得极大的性能提升。Spark 为每个 executor（也即 worker 的抽象，我们将在第 2 章学习这个概念）请求内存，而且 Spark 所请求的内存数量是可配置的参数，集群管理器会确保把需要的资源分配给提出请求的应用。

通常来说，集群管理器分配内存的方式与分配 CPU 核这样的离散资源的方式是一样的。在集群中可用的内存总量被分解成块（block）或者容器（container），然后这些容器被分配给特定的应用。通过这种方式，集群管理器可以公平地分配内存和调度资源，避免进程被饿死。

在 Spark 中，每个被分配的内存块还会根据 Spark 和集群管理器的配置进一步细分。对于在 shuffle 阶段动态分配的内存、存储缓存的 RDD 需要的内存，以及用于堆外存储的可用内存，Spark 会在分配时做出权衡。

大多数应用程序需要依据 Spark 程序中执行的 RDD 转换做某种程度的调优，来恰当地平衡内存需求。一个内存配置不当的 Spark 应用程序，运行起来可能会很低效。比如，内存不足会导致 RDD 不能全部持久化在内存中，而是来回在磁盘间进行交换。分配给 shuffle 操作的内存不足，也会导致效率低下，因为如果一些内部表不能全部加载到内存中，就可能会被交换到磁盘中。

在第 2 章，我们将会详细讨论分配给 Spark 的内存块的结构。然后在第 3 章，我们会介绍如何配置与内存相关的参数，来确保 Spark 应用可以高效运行并且不出错。

在 Spark 的新版本中，从 Spark 1.6 开始，引入了内存动态自动调优功能。在 1.6 版本中，Spark 会自动调整分配给 shuffle 操作和缓存的内存比例，同时也会调整分配的内存总量。这样你就能把更大的数据集装入到较小的内存中，而且无须对内存参数进行大量的调优，使编写程序更容易。

使用各种类型的存储格式

在解决一个分布式处理问题时，我们有时候会更关注解决方案，譬如如何从集群中获得最佳的资源分配，或者如何让代码更加高效地运行。关注这些当然没有错，但要想提高应用程序的性能，还需要考虑其他方面。

有时，我们选择的底层数据的存储方式会极大影响执行性能。本节将讨论在存储数据时如何选择文件格式。

当使用 Spark 加载或者存储数据时，有几个方面必须考虑：最适合的文件格式是什么？这种文件格式是可分割的吗？也就是说，这个文件能被分割开去做并行处理吗？是否压缩数据？如果是的话，使用何种压缩编解码器？文件该切分成多大？

需要考虑的第一个问题是文件要被切分成多大。虽然我们在第 3 章将会介绍并行，以及并行会如何影响应用程序的性能，但这里还是有必要解释一下文件的大小对程序并行度的影响。众所周知，在 HDFS 上每个文件都是按块存储的。当 Spark 读取这些文件的时候，每个 HDFS 块会映射到一个 Spark 分区（partition）。对每个分区，将启动一个 Spark 任务（task）来读取和处理。如果你有足够的资源，而且数据分区得当，通常会给高并行计算带来很大好处。然而，任务太多会产生较高的调度开销，因此应当尽量避免不必要的调度。总之，读取的文件数太多会导致启动的任务数相应增加，也会带来大量的任务调度开销。

除了大量的任务被启动，读取大量小文件也增加了打开文件所带来的时间开销。你还要考虑一点：所有文件路径都是在 driver 上处理的。如果你的文件包含很多小文件，driver 可能面临内存压力。

另一方面，如果数据集是由一组庞大的文件组成，必须确保这些文件是可切分的（splittable）；否则，必定由单独的任务来处理这些文件，这将需要一个非常大的分区，也会大大降低程序性能。

大多数情况下，节省空间是很重要的。因此，我们通过压缩数据来最小化数据的存储空间。如果这些数据将来要在 Spark 上进行处理，则必须慎重选择数据的压缩格式。重要的是必须知道数据是否可以被分割。设想一下，一个 5 GB 大小的文件存储 HDFS 上，该文件由 40 个块（block）组成，每块为 128 MB。当使用 Spark 读取它的时候，每一块都会启动一个任务，因此将会有 40 个并行任务来处理这些数据。如果这个文件是用 gzip 的格式压缩的，那么它不支持单独解压一个块。这意味着 Spark 不能并行处理单个块，因此整个文件只能用一个任务来处理。很明显，性能会受到极大影响，我们甚至还会面临内存问题。

有很多压缩编解码器可供选择，它们各有特点和优势。做选择的时候，我们主要在压缩率和速度上进行权衡。最常见的几个压缩编解码器有 gzip、bzip2、lzo、lz4 和 Snappy。

- gzip 是一个使用 DEFLATE 算法的压缩编码器。它是 Zlib 压缩格式的一个包装器，压缩率高。
- bzip2 是使用 Burrows-Wheeler 变换算法的压缩格式。它是面向块的，压缩率比 gzip 更高。
- lzo 和 lz4 是面向块的基于 LZ77 算法的压缩编解码器。它们的压缩率适中，但是压缩和解压速度比较快。
- Snappy 压缩编解码器的压缩和解压速度最快。它是基于 LZ77 算法、面向块的编解码器。由于它解压速度快，对于经常使用的数据集，使用这种方式是非常不错的选择。

在表 1-1 中可以看到这几种压缩方式是否支持切分。不过，区分压缩编码器是否支持切分，会令人感到困惑，因为这很大程度上取决于要压缩的文件格式。如果对支持块结构的文件格式，如 Sequence 文件或者 ORC 文件，使用不可切分的编解码器，那么每个块都会被压缩。在这种情况下，Spark 会对每一个块并行启动任务。所以，你可以认为它们是可切分的。但是，另一方面，如果用它们压缩文本文件，那么整个文件会被压缩到一个块中，因此对于每个文件都会有一个任务被启动。

这意味着，不仅压缩编解码器是重要的，文件存储格式也很重要。Spark 支持多种输入和输出格式、结构化或者非结构化文件，从文本文件、Sequence 文件到其他 Hadoop 文件。有必要强调的是，如果使用 `hadoopRDD` 方法或 `newHadoopRDD` 方法，就可以在 Spark 中读取任意 Hadoop 文件格式。

表 1-1　几种压缩编解码器

压缩编解码器	是否可切分
gzip	不可以
bzip2	可以
lzo	不可以，除非有索引
Snappy	可以

文本文件

在 Spark 中，使用 `textFile` 方法可以方便地读取文本文件，既可以读取单个文件也可以读取文件夹下的所有文件。由于这种方法会将文件切分成行（line）后再读取，因此必须确保这些行的大小适中。

如上所述，如果文件被压缩过，它们能否切分则要取决于所使用的压缩编解码器。在这种情况下，应该确保行的尺寸足够小，使其很容易在一个任务中进行处理。

这里还必须提到一些特殊的文本文件格式，也即结构化的文本文件，CSV 文件、JSON 文件和 XML 文件都属于此类。

为了更方便地对以 CSV 文件格式存储的数据进行分析，应该在其上创建一个 DataFrame。有两种方法可以实现：通过传统的 `textFile` 方法或通过编程来指定 schema（模式）来读取这些数据文件；使用 Databricks 的包 spark-csv。在下面的例子中，我们读取一个.csv 文件，删除代表头（header）的第一行，把每一行映射为一个 Pet 对象。得到的 RDD 被转换为一个 DataFrame。

```
import sqlContext.implicits._
case class Pet(name: String, race : String)
val textFileRdd = sc.textFile("file.csv")
val schemaLine = textFileRdd.first()
val noHeaderRdd = textFileRdd.filter(line =>
!line.equals(schemaLine))
val petRdd = noHeaderRdd.map(textLine => {
            val columns = textLine.split(", ")
```

```
            Pet(columns(0),columns(1))})
val petDF = petRdd.toDF()
```

利用 Databricks 公司提供的 spark-csv 包可以更方便地处理 CSV 文件。只需要读取定义 CSV 格式的文件即可：

```
val df = sqlContext.read
    .format("com.databricks.spark.csv")
    .option("header", "true")
    .option("inferSchema", "true")
    .load("file.csv")
```

对 JSON 文件的读取和处理，SparkSQL 有一个专门的方法。其中一个好处是可以让 SparkSQL 根据数据集推断或者通过编程方式指定 schema。如果你提前知道了 schema，建议提供出来，省得 Spark 再次扫描整个输入文件去确定 schema。这种方法的另一个好处是允许你自己决定需要处理的字段。如果 JSON 文件中有很多你并不在意的字段，你可以仅指定相关的字段，其他的将会被忽略掉。

下面的例子演示了在指定和没有指定数据集 schema 下如何读取 JSON 文件：

```
val schema = new StructType(Array(
    new StructField("name", StringType, false),
    new StructField("age", IntegerType, false)))
val specifiedSchema = sqlContext.jsonFile("file.json", schema)
val inferedSchema = sqlContext.jsonFile("file.json")
```

这种处理 JSON 文件的方式假设每一行都有一个 JSON 对象。如果一些 JSON 对象缺失一些字段，那么这些字段会被默认替换为 null 值。在推断 schema 时，如果有一些错误的输入，SparkSQL 会创建一个名为_corrupt_record 的新列。这些错误的输入会在这一列中存储它们的数据，而其他列都为 null 值。

XML 文件格式并不是做分布式处理的理想格式，因为它们通常都很冗长，而且不是每一行都有一个 XML 对象。由于这个原因，XML 文件无法做并行处理，Spark 目前也没有内置的库来处理这些文件。如果用 `textFile` 方法读取 XML 文件，该方法也不是很奏效，因为 Spark 是逐行读取文件的。如果 XML 文件足够小，能全部放在内存中，可以用 `wholeTextFile` 方法来读取。但是这样会产生一个键值对 RDD，以文件路径为键，以整个文本文件的内容作为值。用这种方式处理大文件是可以的，但是性能会很差。

Sequence 文件

Sequence 文件是一种常用的文件格式，由二进制键值对组成，这些键值对必须是 Hadoop Writable 接口的子类。因为有同步标记的特性，它们在分布式处理中很受欢迎。有这些特性，你就能找到记录的边界来做并行处理。Sequence 文件是一种十分高效的数据存储格式，因为它能被高效地压缩及解压。

Spark 提供了一个专用的 API 来读取 Sequence 文件：

```
val seqRdd = sc.sequenceFile("filePath", classOf[Int], classOf[String])
```

Avro 文件

Avro 文件格式是一种依赖于 schema 的二进制数据格式。当以 Avro 格式存储数据时，schema 总是与数据一起存储。这个特点使得在不同的应用程序中都可以读取 Avro 文件。

有一个专用的读/写 Avro 文件的 Spark 包：spark-avro（https://github.com/databricks/spark-avro）。这个包可以把 Avro 文件的 schema 转换成 SparkSQL 的 schema。要加载 Avro 文件相当简单，必须引入 spark-avro 包，然后通过如下方式读取文件：

```
import com.databricks.spark.avro._
val avroDF = sqlContext.read.avro("pathToAvroFile")
```

Parquet 文件

Parquet 文件格式是一种支持嵌套数据结构的列式文件格式。列式存储格式非常适用于聚合查询，因为从磁盘中读取数据时仅返回需要的列。Parquet 文件支持高效地压缩和编码 schema，因为它们可以按列指定。这正是使用这种文件格式能减少磁盘 I/O 操作、节省更多存储空间的原因。

SparkSQL 提供专门的方法来读写保存数据 schema 的 Parquet 文件，并且 Parquet 文件格式支持 schema 演化，起初可以只有几列，然后按需添加更多的列。Parquet 会自动检测这些 schema 的差异并自动合并。不过，在非必要情况下应避免 schema 合并，因为该操作严重影响性能。下面的例子演示了如何读取 Parquet 文件并启用 schema 合并功能：

```
val parquetDF = sqlContext.read
             .option("mergeSchema", "true")
             .parquet("parquetFolder")
```

在 SparkSQL 中，Parquet Datasource 能够检测数据是否已分区并确定分区。这对于数据分析是一项重要的优化，因为在一次查询中，只有需要的分区才会根据查询语句中的断言（predicate）被扫描。在下例中，只会扫描公司 A 的目录来获取所需的 employee 信息：

```
Folder/company=A/file1.parquet
Folder/company=B/fileX.parquet

SELECT employees FROM myTable WHERE company=A
```

从 SparkSQL 最佳实践的角度，我们鼓励使用 Parquet 文件格式。

监控和度量的意义

在运行分布式应用程序时，监控是最重要的事情之一。你肯定希望尽快发现异常情况并排除故障；通过分析应用程序的运行状态，来决定如何改善性能；了解应用如何使用集群资源和分布负载，可以让你深入理解程序并节省很多时间和成本。

本节介绍现有的监控选项以及从这些度量值中能获得哪些有用的信息。

Spark UI

Spark 有一个内置的 UI，提供与当前运行的应用程序相关的有用信息和度量值（metric）。当启动 Spark 应用程序时，一个与之对应、默认端口号为 4040 的 Web UI 也被启动。如果一个节点上有多个 Spark driver 在运行，就会显示一个异常，提示 4040

端口不可用。在这种情况下，Web UI 会尝试绑定从 4040 开始的下一个端口：4041、4042，直至发现可用端口。

可以在浏览器中输入下面的地址：`http://<driver-node-ip>:<allocatedPort-default4040>`，来访问应用程序的 Spark UI。

默认情况下，只有在应用程序执行时才能查看 job 执行的度量值。所以，只要应用程序仍在运行，就可以在 Spark UI 查看。如果想在进程结束后继续在 UI 里看到这些信息，可以把 `spark.eventlog.enabled` 设置为 true，改变默认的方式。

这个功能非常有用，因为可以帮助更好地理解 Spark 应用程序的行为。在这个 Web UI 中，可以看到如下的信息：

- 在“Jobs”标签页中（见图 1-1），可以看到已执行完的和正在运行的 job 及其执行时间线（execution timeline）。它显示了每项 job 在其持续期间有多少 stage 和 task 顺利完成，以及相关的信息（见图 1-1）。

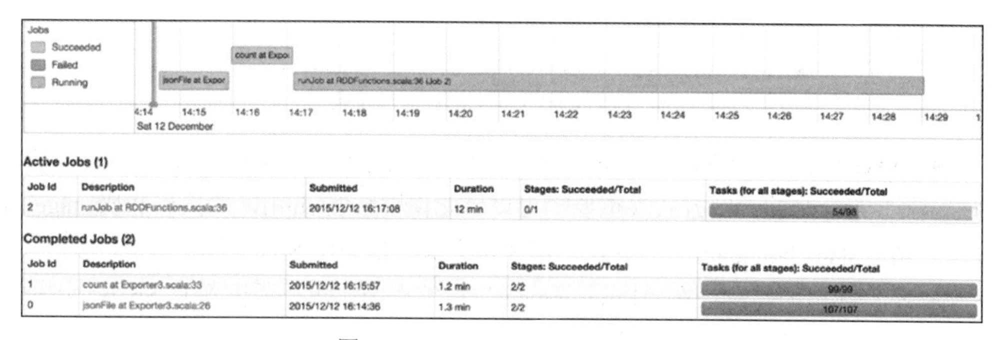

图 1-1　Spark UI 显示 job 的状态

- 在“Stage”标签页中，可以看到 stage 的列表（见图 1-2），列表中会显示每个 job 还在执行的那个 stage 和已执行完的所有 stage。这个页面提供了数据是如何处理的相关信息：可以看到输入和输出的数据量。此外，也可以看到 shuffle 的数据量。这些信息是很有价值的，因为从中可以知道你是否使用了正确的算子（operator）或者数据是否需要分区。第 3 章会讲述更多关于 shuffle 的细节，以及它如何影响 Spark 应用程序的性能。

Active Stages (1)

Stage Id	Description			Submitted	Duration	Tasks: Succeeded/Total	Input	Output	Shuffle Read	Shuffle Write
4	runJob at RDDFunctions.scala:36	+details	(kill)	2015/12/13 01:07:33	4.4 min	1/113	656.9 MB	1710.2 MB		

Completed Stages (4)

Stage Id	Description		Submitted	Duration	Tasks: Succeeded/Total	Input	Output	Shuffle Read	Shuffle Write
3	count at Exporter3.scala:33	+details	2015/12/13 01:07:31	0.1 s	1/1			4.6 KB	
2	count at Exporter3.scala:33	+details	2015/12/13 01:06:15	1.3 min	113/113	14.0 GB			4.6 KB
1	jsonFile at Exporter3.scala:26	+details	2015/12/13 01:06:12	0.5 s	10/10			60.3 KB	
0	jsonFile at Exporter3.scala:26	+details	2015/12/13 01:04:52	1.3 min	113/113	8.7 GB			60.3 KB

图 1-2　Spark UI 上显示的 job 执行信息

- 在“Task”标签页中，可以对已执行完的任务的度量信息做一些分析。你可以看到任务执行时长、垃圾收集、内存和当时正在处理的数据大小（见图 1-3）。任务执行的时长可以反映数据分布是否均匀。如果最长的任务执行时间比平均时间要长得多，就意味着有一个任务的负载比其他任务高很多。

Summary Metrics for 96 Completed Tasks

Metric	Min	25th percentile	Median	75th percentile	Max
Duration	10 s	20 s	23 s	26 s	32 s
GC Time	0.3 s	2 s	2 s	2 s	2 s
Peak Execution Memory	4.3 MB	106.3 MB	206.3 MB	310.4 MB	408.2 MB
Input Size / Records	75.3 MB / 79637	128.1 MB / 133624	128.1 MB / 134679	128.1 MB / 136837	128.1 MB / 145307
Shuffle Write Size / Records	42.0 B / 1	42.0 B / 1	42.0 B / 1	42.0 B / 1	42.0 B / 1

图 1-3　Spark UI 中的任务度量值

- DAG（有向无环图）对 job 的 stage 进行调度（见图 1-4）。这个信息对于了解 job 运行时的调度方式很重要，可以借此识别触发 shuffle 的操作和属 stage 边界（stage boundary）的操作。第 3 章会深入地介绍 Spark 执行引擎。
- 执行环境的信息：在“Environment”标签页中，可以看到所有 Spark 上下文（context）的配置参数及用到的 JAR 包。
- 从每个 executor 收集到的日志也很重要。

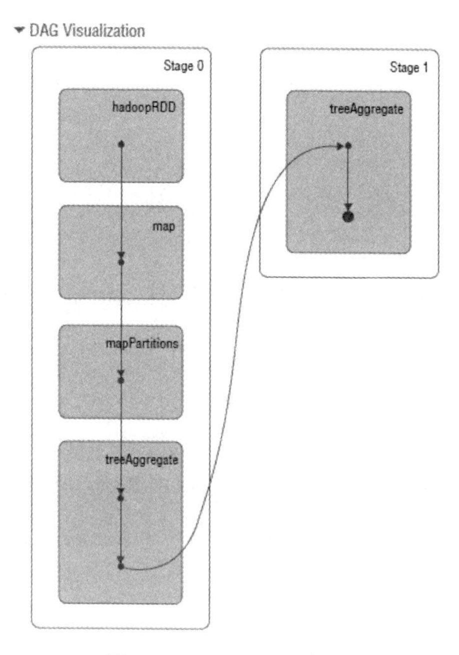

图 1-4　DAG stage 的调度

Spark Standalone UI

以 Standalone 模式运行 Spark 时，将构建一个额外的页面，上面显示集群信息、完成的 job 及其详细日志信息。通过以下地址能访问此 UI：`http://<master-ip>:<defaultPort: 8080>`。

如果通过 YARN 或 Mesos 集群管理器运行 Spark，则可以启动一个历史服务器来查看已经执行完的应用程序信息。使用以下命令来启动该历史服务器：`./sbin/start-history-server.sh`。

通过以下地址来访问历史服务器：`http://<server-url>:18080`。

Metrics REST API

Spark 也提供了 REST API 来检索应用程序相关的度量值，以便通过编程方式获取度量值或者基于这些 API 构建自己的可视化应用。对于运行中的以及历史应用程序，信息是以 JSON 格式提供的。

API 的端点（endpoint）获取方式是：

```
http://<server-url>:18080/api/v1
http://<driver-node-ip>:<allocatedPort-default4040>/api/v1
```

可以在以下网址找到更多可用的 API 的信息：`http://spark.apache.org/docs/latest/monitoring.html#rest-api`

Metrics System

Metrics System（度量值系统）是一个很有用的 Spark 组件。该系统在 driver 及每个 executor 上都可用，能够将许多 Spark 组件信息暴露到各同步点上。通过这种方式，可以获取由 master 进程、应用程序、worker 进程、driver 和 executor 发送的度量值。

Spark 支持通过第三方工具使用 Metrics System 来监控应用程序。

外部监控工具

Spark 有许多外部监控工具可用于性能分析（profiling）。Graphite 就是一种被广泛使用的显示时间序列数据的开源工具。Spark 中的 Metric System 有内置的 Graphite 槽（sink），可以把应用程序的度量值发到 Graphite 节点。

你也可以使用 Ganglia，它是一个用于监控应用程序的可伸缩分布式监控系统。在其他度量值同步中，Spark 支持 Ganglia 同步，能把度量值发送到一个 Ganglia 节点或者一个多播群组。因为许可证的原因，默认的 Spark 安装包中并没有包含此同步功能。

另一个 Spark 性能监控工具是 SPM。它能收集 Spark 应用程序的所有度量值进而提供监控图表。

总结

在本章中，我们详细描述了安装 Spark 生产集群的几种方式；同时，简单讨论了如何通过安装和设置来提高扩展效率。你现在应该对 Spark 的资源管理方式、它的各种存储能力以及外部的子系统有了较清楚的认识。我们也展示了如何测量及监控 Spark 应用程序。在第 2 章中，我们将学习集群管理、Spark 物理进程，以及通过 Spark 引擎的内部组件如何管理这些进程。

第 2 章

集群管理

在第 1 章，我们了解了分布式计算的一些历史，以及 Spark 在丰富的数据生态系统中的发展情况。分布式系统中的很多挑战来源于要管理系统运行所需的资源。根本问题是资源的稀缺性——资源是有限的，然而有众多的应用程序在执行时需要这些资源。如果没有一个系统来管理和调度资源，是无法实现分布式计算的。

Spark 的强大之处在于它对创建并发程序时很多复杂过程进行了高度抽象，使创建的应用程序能很容易地从单机迁移到分布式环境,。集群管理工具在这种抽象中发挥了重要作用。正是集群管理器将复杂的资源调度及分配从应用程序中抽象出来，使得 Spark 可以轻易地使用 1 台、10 台或者 1000 台机器的资源，而不需要修改底层实现。

为了给用户提供简洁而直观的界面，这里有几层抽象，Spark 就是建立在这几个抽象概念之上的。其中，核心抽象为 RDD 或 DataFrame，用于将原本存储在分布式环境中的大量数据转换为隐藏了数据分布式特性的单个对象。从底层看，Spark 会处理不同机器间的数据传输而无须用户手动组织数据，因此可以把精力和时间放在思考应用程序自身的逻辑上，使创建复杂的应用更简单。你可以更多地关注要处理的任务以及使用声明性语言（declarative language）去解决问题，而无须担心系统的内部管理。

Spark 用户可以专注于更有意义的工作，比如将数据以有意义的方式组合起来，从中提取数据价值。用户不需要操心数据的底层组织方式、如何为相应计算在适当的位置聚合数据，以及数据在集群中的物理分布方式。Spark 引擎处理将逻辑操作流转换为分布式物理进程这种复杂的流程，而用户则可以专注于创建应用程序的功能。

本章将首先介绍这些物理进程，以及 Spark 引擎内部的组件是如何管理它们的。这些组件以不同的方式部署在分布式环境中。组件间的交互具有一致性，但是这些 Spark 组件真正运行的物理环境各有不同。我们将了解有哪些负责协调组件的集群管理工具以及特定的执行场景。

这里讲述三个集群管理工具：Spark Standalone、YARN 和 Mesos，它们以不同的方式解决资源管理所面临的挑战，各有优劣。本章的目的是，让你知道这些框架的优缺点、如何使用它们，以及如何为你的使用场景选择最合适的框架。

为了更深入地了解这几个工具的工作原理，我们将简要介绍一个操作系统是如何管理单台机器上的资源的，然后将这些概念推广到分布式环境下的资源管理。最后，逐步加深 Spark 资源管理模型的具体理解——它是如何管理内存和计算资源的，我们也会了解与资源管理相关的 Spark 配置问题。

乍一看，深入了解支撑 Spark 工作的底层架构的举动似乎挺奇怪，因为 Spark 的设计就是为了隐藏这些底层机制而提供高层抽象的。其实这一切的关键在于，理解了底层架构，你编写程序时才可以充分利用 Spark 的优势，让程序与其运行的物理环境相匹配。目前 Spark 还不是完美的工程系统，通过了解这些技术内幕，你就能找出应用程序失败的根本原因，即使 Spark 报出一些不明所以的信息。此外，你将不仅知道如何完成自己的应用程序，还知道应该如何在集群中对它们进行优化，使之融入更大的生态系统。

背景知识

集群管理器的目的是为需要执行的逻辑代码分配物理资源。集群管理器与单机上的操作系统有着许多共同点，它必须解决许多相同的挑战。为了更好地理解集群管理工具，有必要了解操作系统的核心概念，这些相同的概念最终是以各种不同的方式在分布式系统中实现的。

在单台机器上，操作系统（OS）的角色是为机器的物理硬件和运行在它上面的软件之间提供一个接口（见图 2-1）。它要面对众多的挑战，包括定义通信语言、任务和进程的调度，以及这些进程的资源分配。现代操作系统做了一个抽象——用一个简化的接口隐藏了操作系统用户与最终运行软件的硬件之间的底层复杂性。

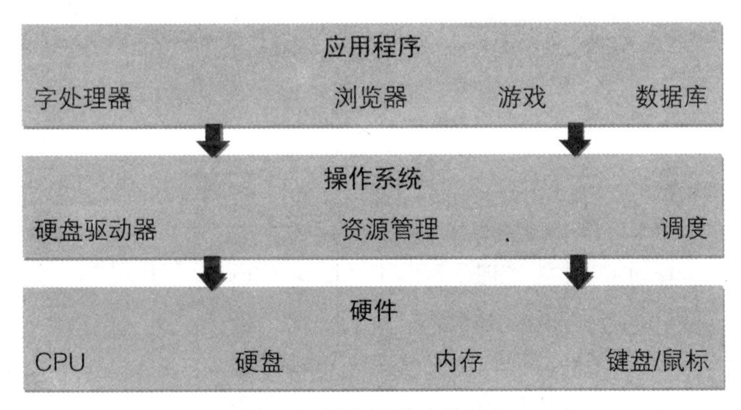

图 2-1　操作系统中的抽象

由于有这种抽象，操作系统的用户不用关心想要运行的程序是如何获取资源的。在现代系统中，许多应用程序在同时运行，用户无须操心资源如何在这些应用程序之间共享。用户不需要明确地定义应用执行的顺序，也不需要考虑应用是如何同时访问资源的。基本上用户所有要关心的就是，他们提交的应用能顺利运行且返回正确的结果。

在底层，操作系统巧妙地处理资源的调度和管理。一个在操作系统里运行的进程，要用内存来存储执行时所需的数据，如果数据太大而无法放到内存，就需要访问硬盘去检索及写入数据，它还需要访问 CPU 去实际执行操作。为了确保所有的进程都能够运行，操作系统将运行一个调度器，它能确保每个进程分到合理的 CPU 执行时间。

为了允许进程获得所需的数据，操作系统会为每个进程分配独有的内存块，并为每个进程提供接口，使它们能从硬盘读/写数据。底层接口定义了操作系统如何控制底层设备，它对于那些请求资源的程序是不可见的。这些程序只需知道当它们要使用资源时如何获取即可。图 2–2 从较高层面显示了操作系统内是如何在进程间分享资源的。

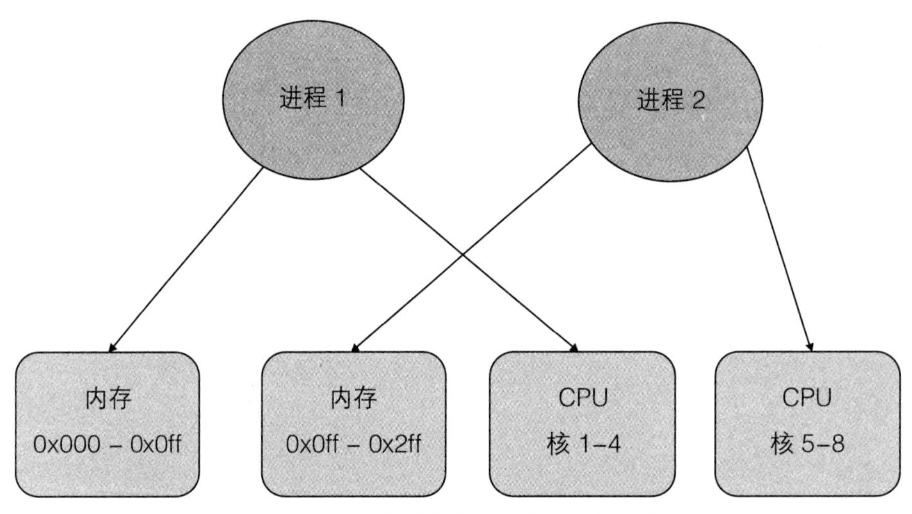

图 2-2　在操作系统内进程是如何执行的

操作系统管理所有这些任务，甚至更多。这在单机上绝非易事，在分布式环境中则更为复杂。在分布式环境中，需要对付几个新的挑战。首先是扩展性——当增加硬件资源时，特别是在网络中增加硬件资源，就给系统引入了复杂性，潜在地增加了组件间的延迟以及网络通信的开销。

我们还面临持久性问题——所有硬件都有预期的故障率，虽然单个硬件故障的可能性较低，但在分布式环境中，硬件越多，系统内单个组件某时刻出现故障的可能性就越高。在单台机器上，组件间无法互相通信的概率是很低的，例如位于主板上的主存储器和 CPU 之间的消息总线就是高度可靠的组件。

然而，分布式环境中（由联网计算机组成的系统，通常称为集群）网络故障几乎难以避免，常常会导致不同机器无法相互通信的情况。因此，分布式系统必须弹性地应对任意单台机器或机器之间的故障。还有一个更难检测和解决的问题，即某个节点虽然在运行但是性能出现了下降。

可用性是指一个系统在任意场景下都可运行，这一需求很重要，尤其是在生产环境中。一个系统如果有个别组件出现故障，但是仍然能运行且对外不中断服务，就可称其为高可用的系统。正是建立一个不会发生灾难性崩溃系统的愿望和这类系统动态增减资源的需求，推动了现代集群管理工具的设计。

因此，在分布式环境中管理资源是一个复杂的挑战，特别是当许多并发用户共享环境中的资源时。当多个用户使用同一个环境时，可能会对系统提出相互冲突的请求。例如，两个用户可能都在同一时间请求得到 70%的系统可用内存，这在物理上显然是不可能的。集群管理器在用户请求特定资源时进行显式的资源调度，或者与提出请求的用户或应用进行协调，可以很好地处理冲突。

集群管理器通过协调资源的分配和回收集群中进程执行时占用的资源，来确保所有应用程序都能得到它们所需的资源。因此，它的作用与操作系统十分类似，只不过位于中央的集群管理器和它所管理的硬件资源之间在物理上是分离的，复杂性更高。

通常来说，集群管理器不会取代单机上的操作系统。相反，集群管理器好比是一个跨机器的操作系统，在各台机器上，利用本地操作系统对本地资源和物理硬件实现更细粒度的控制和访问。因此，集群管理器主要处理更一般的任务：公平地调度资源。

单机操作系统确保多个进程同时运行并获得所需的资源，集群管理器采用同样的方式，确保在集群中运行的多个应用程序也能同时运行，或者至少确保所有应用程序都能获得运行所需的资源。有几种方法能确保每个应用程序都有足够的内存、CPU、磁盘空间和网络资源，我们将详细讨论几个特定的集群管理器是如何完成这个任务的。

在本章中，我们将通过一个示例程序说明集群管理器的使用，解释 Spark 是如何获取和利用资源来运行 job 的。稍后你将了解，当执行一个 Spark job 时，Spark 会创建许多同时运行的物理进程，每一个进程都需要内存及 CPU。集群管理器负责动态地为这些进程分配资源组，一旦进程结束就回收这些资源，使其可用于后续操作。

目前，有三种方法创建能执行分布式操作的 Spark 集群，将 Spark 的逻辑计划转换成能在多台机器上同时运行的代码。第一个方法是用 Spark 打包的集群管理器来创建一个 Spark Standalone 模式集群。在 Hadoop 环境中运行时，可以使用 YARN 资源管理器作为集群管理器。最后，Spark 还支持 Mesos，一个用于分布式资源管理的通用框架。对于以上每一种框架，我们都将讨论它们的架构及其相关的 Spark 设置与配置。我们还会看一个真实的部署场景，逐一介绍在 Spark Standalone 模式、YARN、Mesos 上运行应用的过程。对于 Mesos 及 YARN，我们将了解它们是如何支持动态资源分配，来更有效地利用集群资源的。

Spark 组件

既然我们已经了解集群管理器的作用，接下来就来看看 Spark 的主要组件，因为集群管理工具最终要执行这些组件（参见图 2-3）。在 Spark 应用程序中有很多实体，它们一起协作来运行你的应用程序。从高一点的层级来看，一切都是由 driver 开始的。driver 本质上起监督的作用，保持与集群中其他实体之间的连接，并将任务提交给 worker 节点执行。worker 节点运行 executor 进程，这些进程有一个或多个 task，因此 Spark job 的代码实际上是在 worker 节点上执行的。这些实体并没有意识到集群管理器的存在，无论是 Spark Master（Spark Standalone 模式）、YARN 还是 Mesos。在这一节中，我们将详细看看这些实体，以及它们是如何交互的。

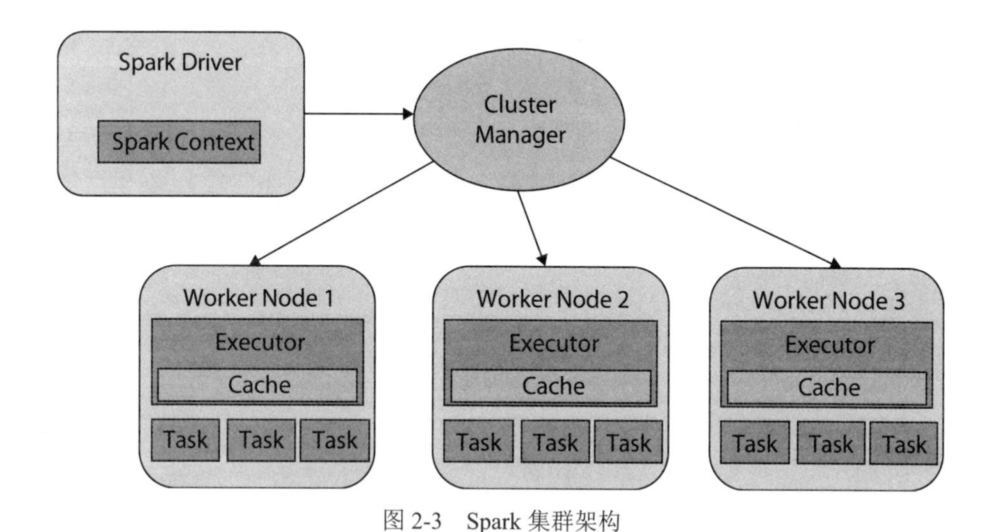

图 2-3　Spark 集群架构

Driver

driver 是负责启动和管理运行 Spark 应用的进程。确切地说，driver 是维护所有计算节点（worker node）的连接的实体，并将 Spark 应用的逻辑代码转换成在集群中某处执行的物理命令。作为主进程，driver 履行许多职责。

首先且最重要的是，driver 维护 Spark 运行的上下文（context）——一种程序状态，允许 Spark 给 executor 分配任务（task），同时维护某些内部结构，譬如累加器和广播变量。这个上下文跟踪应用程序的设置与可用资源。

其次，driver 处理与集群管理器的通信，请求资源以执行 Spark 应用。一旦这些资源可用，driver 就会根据 Spark 应用的逻辑代码创建一个执行计划（execution plan），把它提交到所分配的 worker 节点上。该执行计划本身是一个包括若干行动操作（action）和转换操作（transformation）的有向无环图（Directed Acyclical Graph，DAG）。Spark 优化这个 DAG 来减少数据的传输，然后一个名为 DAGScheduler 的内部结构进一步将此 DAG 分解为一个个 stage（步骤），再分解为 task（任务）。一个 stage 就是一组转换操作，它们将作用于 RDD 中的数据（见图 2-4）。

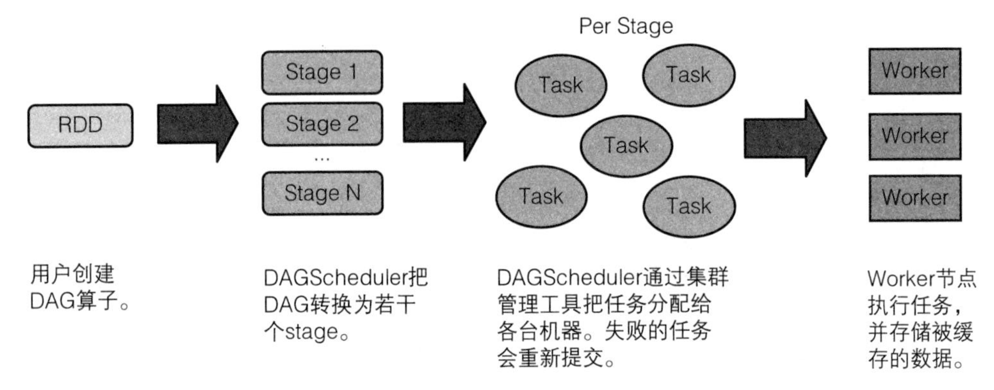

图 2-4　Spark 工作流程

Spark 中的数据被分解成很多分区（partition），这意味着如果只有一个完整的数据集，Spark 将无法一次处理完。这份数据被分成若干小块，各块允许分开处理以增加并行度。当 DAGScheduler 把一个 stage 细分成若干个 task 时，它为 RDD 的每个分区创建一个对应的新 task，这样每个 task 执行的都是相同的操作但处理的却是这份数据的不同部分。每个任务执行的结果最终组成一个 RDD。

DAGScheduler 将 DAG 细分成 task，然后 TaskScheduler（任务调度器）在集群中调度这些 task。TaskScheduler 了解资源与数据局部性的限制条件，将 task 分配给相应的 executor。一旦 TaskScheduler 决定了在哪里执行 task，所有 DAG 对应的 transformation 操作以及转换闭包（transformation closure，在转换范围内的数据）就被序列化，并通过网络传给一个 worker 节点，在该节点上由合适的 executor 去执行必要的操作。TaskScheduler 也负责重启失败的或长时间无法正常完成运行的 task。

workers 与 executors

在一个 Spark 集群中，worker 节点是实际运行 executor 和 task 的物理机器。用户永远不会直接与 worker 节点交互，但是在底层，集群管理器负责与各个 worker 节点通信并处理资源的分配。每个 worker 节点都有固定的可用资源，这些资源都被显式地分配给集群管理器。由于 worker 节点可以运行多个应用（不仅仅是 Spark），所以限制集群管理器占用的资源，才能保证多租户的使用以及其他程序的并发执行（参见图 2-5）。

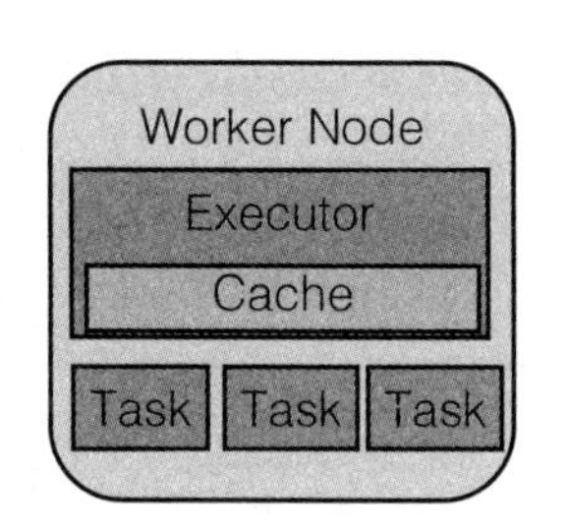

1. 每个worker运行一个或多个executor进程。

2. 每个executor封装了CPU、内存与磁盘访问。

3. 每个executor创建task线程，在内存中维持RDD访问本地数据。

图 2-5　worker 架构

在一个 Spark 集群中，每个 worker 节点可以运行一个或多个 executor，executor 是一种抽象，让 Spark 程序可配置地执行。每个 executor 运行一个 Java 虚拟机（JVM），因此本身有固定量的资源。分配给 executor 的内存和 CPU 核等资源数，以及所有的 executor 数，在 Spark 中都是可调参数，对应用程序的执行有重大影响。

Spark 的并行度取决于其配置。例如，如果你只分配了一个 executor，该 executor 只有两个核，那么 Spark 只能并行运行两个进程，因为一个核一次只能运行一个进程。此外，对于一个操作，你可用的内存量最多只能为：该 executor 可用的内存总量除以该 executor 中运行的进程数所得的商。

因此，如果给每个 executor 分配 8 GB 内存、8 个 CPU 核，每次转换最多可以有 1GB 内存可用。如果这些设置没有正确地配置，而且底层数据集没有被划分成足够小的数据组（chunk），Spark 操作数据时可能会耗尽内存。这还可能会导致内存错误，或因为数据在硬盘和内存中来回传输而影响性能。

当运行一个系统时，找出合适的配置平衡是关键，因此必须仔细考虑这个系统的可用资源以及集群管理器的配置。此外，你还必须理解 executor 如何与系统其他组件进行交互。例如，考虑下面两个配置项：

```
--num-executors 5, --executor-cores 10
--num-executors 10, --executor-cores 5
```

从 HDFS 读取数据时，由于数据在 HDFS 中的消耗方式，第二种设置的性能可能更好。HDFS 可支持的并行操作数与存储在该数据节点上的 HDFS 块数量有关。因为需要处理的数据被拆分到多个节点上，所以根据数据规模及其分布形式，你可以通过增加 executor 获得更高的性能，而不是让多个核去读取在一个节点上的同一片小数据。

作为一个计算框架，Spark 需要为分配的内存定义一个结构。在操作系统中，内存有堆和栈之分。栈是用于跟踪程序状态、静态分配内存以及本地上下文的内存池。堆是用于为新对象动态分配内存的内存池。

Spark 可以利用可用内存来缓存数据，与将所有可用内存分给 executor 的方式一样。Spark 允许用户显式地配置这个内存池结构。在下一节讲述配置时，我们会深入讨论这些参数。

一个 executor 可能有多个 task，它们共享这个结构化内存池。让多个 task 使用一个分配的资源块，可以减少一些特定的 Spark 操作开销。例如，用于支持全局数据共享的广播变量，就是在每个 executor 而不是每个 task 上复制的。executor 越多，每个 executor 拥有的核越少，可能会导致不必要的数据冗余。

配置

下面列出一些常用的参数设置。欲获得完整参数配置表，请参考《Spark 配置指南》(`http://spark.apache.org/docs/latest/configuration.html`)。

当启动一个新的 spark-shell 或者运行 spark-submit 脚本时，可以在命令行配置以下参数。

- `--num-executors N`：N 是集群上启动的 executor 数。
- `--executor-cores N`：N 是每个 executor 运行的核数，即一个 executor 能并行运行的 task（任务）数。前面提到过，executor 的每个核共享该 executor 分配到的总内存。

- `--driver-memory` Ng：N 是分配给 driver 的内存数（以 GB 为单位）。driver 内存用于存储累加器变量以及 `collect()`操作的输出。默认情况下，driver 以 yarn - client 模式被分配 1 GB 内存及一个核。如果应用程序需要，有时候是可以增加可用内存的，特别是对于长时间运行的 Spark job 而言，因为它们在执行过程中可能会积累数据。下面是一个例子：

```
spark-shell --num-executors 8 --executor-cores 5 --driver-memory 2g
```

接下来，其他设置项是在 Spark Context 中设置的，以配置文件形式或在代码中直接设置。下面是一些常用项。

- `spark.executor.memory`：每个 executor 可用的内存数（由所有核共享）。
- `spark.executor.extraJavaOptions`：应用到每个 executor 的 JVM 特定选项。它可用于垃圾回收以及可用堆内存的配置。
- `spark.default.parallelism`：Spark 用于计算的默认数据分区数量。

虽然我们定义了分配给一个 executor 的总内存，但是这些内存是怎么使用的并不清楚。Spark 的不同内部功能需要使用不同的内存池，主要有两种：堆内存（on-heap）和堆外内存（off-heap）。在 JVM 所管理的堆内，Spark 将内存划分为三个独立的内存池，具体的划分比例见图 2-6。

第一个内存池是用于存储持久化 RDD 的 Spark 可用内存。持久化 RDD 是通过调用 `cache()`或 `persist()`存储在内存中的 RDD，可能仅存储部分 RDD 到内存（由这两个函数的参数决定）。将 RDD 持久化于内存，而不是每次从硬盘读/写，对性能会有显著提升，但由于可用内存量一般小于所处理的数据量，需要弄清楚哪些 RDD 是应该存放在内存中的。Spark 支持好几种不同的数据持久化配置方案，例如允许溢写（spill over）到磁盘。在第一个内存池内有一块叫 *unroll* 的内存，在数据从序列化到非序列化的转换操作中会使用这块内存。

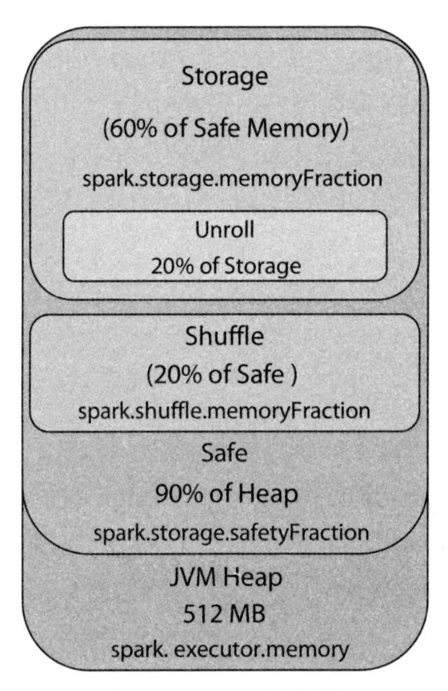

图 2-6 Spark 内存结构

Spark 定义的第二块内存池是用于 shuffle 操作的。shuffle 操作是 Spark 对某些 RDD 转换的数据进行重新组织的过程。例如，`groupBy()`或 `reduceByKey()`操作最终要求与某个特定键（key）关联的所有值落在同一节点上，以便它们可以聚合在一个内存池内。为了做到这一点，Spark 执行 shuffle 操作，也就是一次 all-all（所有节点至所有节点）操作，对于一个 RDD 而言，所有节点中的所有数据都会移动，最后使得具有相同特征的数据汇聚到同一处。

shuffle 不是一个简单的过程，它需要序列化（将 Java 内存对象转换为字节流），通过网络传输这些数据，还需要有一些额外内存以便将数据组织起来。在底层，Spark 会在内存中生成许多查找表（lookup table），还会为了重新组织数据而缓存数据的某些部分。因此，Spark 会显示 shuffle 的配置参数，以便进行性能调优。

在 shuffle 过程中会发生如此多的事情，因此经常会出现难以调试的故障和问题。在优化程序性能和稳定性时，调整 shuffle 参数往往特别有价值。在第 3 章中，我们将详细了解 shuffle 操作，并讨论如何对 shuffle 及其内存使用进行调优来确保稳定性。

最后一个内存池没有被明确地定义，它是分配给 executor 的内存在分配给 shuffle 和内存存储（in-memory storage）之后剩余的内存。剩余的空间未使用，留作避免 Spark 内存溢出错误所引起的开销。

在 JVM 堆外，还有额外的内存，用来存储某些未存储在堆中的特殊 Java 结构。我们讲到 YARN 和 Mesos 时，会引入一个额外的参数来允许用户配置此项。JVM 支持存储特定类型的堆外数据，这意味着对它们不受垃圾回收的管理。在新版本的 Spark 中，堆外内存用于优化 Spark 的性能，但这已经超出了本书的讨论范围。

因此，我们有两个参数可以对这三个内存池调优（除了定义可用内存总量的 `spark.executor.memory` 参数）。

- `spark.storage.memoryFraction`：定义存储持久化 RDD 的内存占总内存的比例（默认值为 0.6）。
- `spark.shuffle.memoryFraction`：定义为 shuffle 预留的内存占总内存的比例（默认值为 0.2）。

通常，不需要调整 `spark.storage.unrollFraction` 或者 `spark.storage.safetyFraction`。它们主要用于内部结构以及大小估算，其默认值分别为 20%和 90%。

还有许多其他常用的设置，但以上这些参数是与集群部署和配置最相关的。既然我们了解了 Spark 里运行的组件，接下来看看具体的集群管理工具，并了解它们的区别，以及如何启动并运行它们。

Spark Standalone

集群管理的第一个可选项是使用 Spark 内置的集群管理器。使用 Spark Standalone，必须明确地配置一个 master 节点和几个 slave 节点。然后，有许多脚本可以让你将 master 和 slave 节点连接起来。要在集群上安装 Spark Standalone，你必须在集群的每个节点上手动部署已编译的 Spark，设置适当的参数和环境变量，然后启动所有的 master 和 slave 节点。

本节我们将简要介绍Spark Standalone集群的架构，然后讲解如何配置一个Spark Standalone集群。

架构

Spark Standalone是一个非常简单的集群管理器。Spark应用在driver上启动，Spark Context也保存在driver上。除了driver，在Spark Standalone中也有一个master节点，我们在上一节中讨论过，该master节点履行集群管理器的职责，处理driver和work节点之间的通信和资源管理。最后，我们还有许多worker实例。没有明确的要求driver、master和worker必须在不同的机器上启动。事实上，在有多个worker节点的单台机器上启动一个Spark集群是可行的。

单节点设置场景

首先，我们看一个在单台机器上设置及配置Spark的简单场景。这样做可以快速启动，迅速运行起来，但显然提供的计算资源比较有限。尽管可以通过命令行配置所有的选项，但是如果在一个文件中指定所有配置，将更容易进行迭代和后续的更改。因此，我们在Spark主目录下创建一些配置文件。

首先，需要提供master和slave节点的地址。根据模板文件`$SPARK_HOME/conf/slaves.template`，来创建`$SPARK_HOME/conf/slaves`。因为我们运行的是本地集群，所以使用localhost的默认配置。

接下来，根据模板文件`$SPARK_HOME/conf/spark-env.sh.template`配置环境变量，创建`$SPARK_HOME/conf/spark-env.sh`。对集群来说，需要配置以下属性。

- 首先，为每个worker配置可用的内存，为每个executor设置默认的配置。当然，对于executor也可以如前面所讲的，到后面再进行配置。

```
export SPARK_WORKER_MEMORY=2g
export SPARK_EXECUTOR_MEMORY=512m
```

- 其次，为每个 worker 设置工作目录，用于存放临时文件和日志文件。

```
export SPARK_WORKER_DIR=/tmp/spark/data
```

- 当所有属性都配置好以后，需要通过运行如下命令启动集群：

```
$SPARK_HOME/sbin/start-all.s
```

- 停止集群运行的命令是：

```
$SPARK_HOME/sbin/stop-all.sh
```

在运行期间，可以通过访问 `http://localhost:8080` 打开 Spark Standalone UI 来查看集群的状态（见图 2-7）。

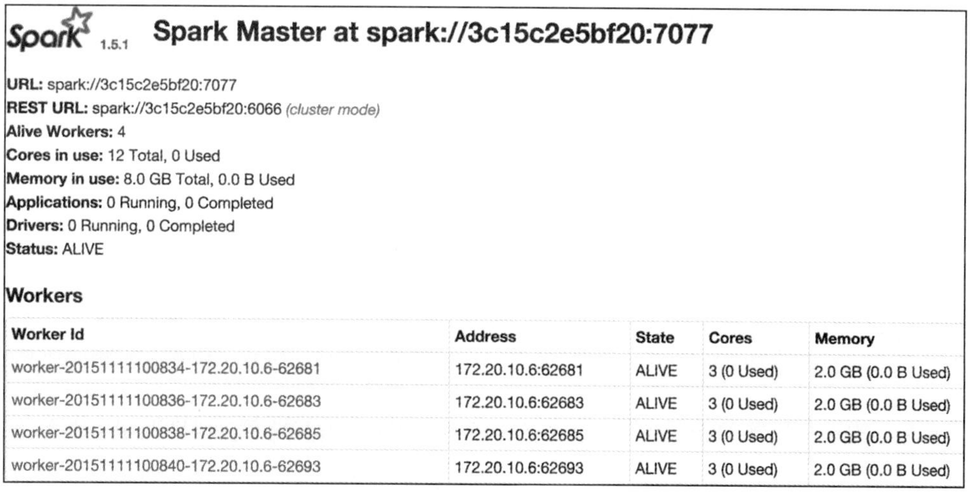

Spark 1.5.1 **Spark Master at spark://3c15c2e5bf20:7077**

URL: spark://3c15c2e5bf20:7077
REST URL: spark://3c15c2e5bf20:6066 *(cluster mode)*
Alive Workers: 4
Cores in use: 12 Total, 0 Used
Memory in use: 8.0 GB Total, 0.0 B Used
Applications: 0 Running, 0 Completed
Drivers: 0 Running, 0 Completed
Status: ALIVE

Workers

Worker Id	Address	State	Cores	Memory
worker-20151111100834-172.20.10.6-62681	172.20.10.6:62681	ALIVE	3 (0 Used)	2.0 GB (0.0 B Used)
worker-20151111100836-172.20.10.6-62683	172.20.10.6:62683	ALIVE	3 (0 Used)	2.0 GB (0.0 B Used)
worker-20151111100838-172.20.10.6-62685	172.20.10.6:62685	ALIVE	3 (0 Used)	2.0 GB (0.0 B Used)
worker-20151111100840-172.20.10.6-62693	172.20.10.6:62693	ALIVE	3 (0 Used)	2.0 GB (0.0 B Used)

图 2-7　Spark Standalone UI 页面

你可以启动一个 Spark shell 或者提交一个 job（7077 端口是 master 的默认端口）：

```
$SPARK_HOME/bin/spark-shell --master spark://$HOSTNAME:7077
--num-executors 4 --executor-cores 3
$SPARK_HOME/bin/spark-submit --master spark://$HOSTNAME:7077
--num-executors 4 --executor-cores 3 --class Main.class MyJar.jar
```

多节点设置

当你在多台机器上创建 worker 时，需要修改一下配置及启动 worker 的方式。首先，对集群中的每台主机，必须设置：

```
export STANDALONE_SPARK_MASTER_HOST=$HOSTNAME
```

在$SPARK_HOME/conf/slaves 中为集群的每台机器增加一个 IP 地址。例如：

```
192.168.1.50
192.168.1.51
192.168.1.52
```

通过$SPARK_HOME/sbin/start - all.sh 来自动启动集群时，必须先启用集群机器间无密码 SSH，或者在 spark - env.sh 中设置 SPARK_SSH_FOREGROUND 变量以便于连接远程主机时提示输入密码。当然你可以手工执行以下命令来启动集群：

```
$SPARK_HOME/sbin/start-master.sh on the master node and
$SPARK_HOME/sbin/start-slave.sh <master-URL> on each slave node
```

可以从 Spark Standalone 的文档中，找到关于额外配置项的更多描述。

YARN

接下来，我们来看看如何在 YARN 上运行 Spark 。YARN 是 Hadoop 2.0 版本引入的集群管理器。一开始，YARN 是为了给 MapReduce 提供更具伸缩性的资源框架而产生的，因此一直与 Hadoop 生态系统密切相关。现在，YARN 已经成为一个更为通用的资源调度管理工具，但它还不是一个独立组件。因此，接下来的内容仅适用于在 Hadoop 环境运行 Spark 的场景。而我们将在下一节介绍的 Mesos，则是一个通用的、不依赖于 Hadoop 生态系统的资源管理器。

使用了 YARN 及 Mesos 这样的集群管理器之后，维护运行在单个集群上的不同类型应用程序就方便多了。Spark Standalone 的主要优点是易于配置且能够快速上手运行；它主要的限制是不能在集群中与其他非 Spark 应用共享物理资源。如果你有多个组共享一个集群——一些应用运行 Hive，一些运行 HBase 或者 Impala，还有一些运行 Spark，那么你真的需要一个集群管理器在这些应用程序之间动态地分配资源（见图 2-8）；否则，这个任务将极其烦琐与复杂。

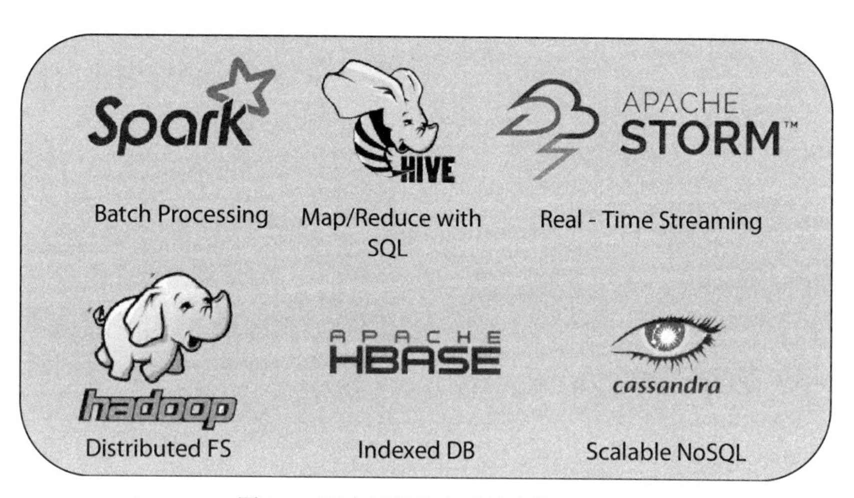

图 2-8　更广泛的生态系统中的 Spark

运行专用集群虽然有明显的优势，但很少有一个工具就能提供需要的所有功能。例如，尽管 Spark 擅长于批量处理，但是在索引数据及高效地查询与搜索方面，其能力却有限。相比之下，HBase 及 Impala 在这些方面的表现却很出色，当它们与 Spark 一起运行时，就能互为补充，大大拓展了集群能处理的问题域。Spark 对于实时流处理的支持仅限于秒级别，而像 Storm 等真正意义的流式框架能支持毫秒级别的延迟。虽然专有集群提供了一定程度的简单性，对于任何一个应用程序，可以确保它有最优的资源可用，但是它既不能支持多种多样的场景，也不能确保应用程序间公平地共享资源。

在 YARN 上运行 Spark（见图 2-9）的另一个好处是，它不需要额外地配置或部署 Spark 二进制文件。当提交一个 YARN 应用时，只需提交一个编译过的二进制文件，YARN 就会处理该文件在集群内的分发。这意味着，对于更大的集群，系统管理员或 dev-ops（开发运维）工程师仅需配置一次 YARN 集群，而无须对每一台机器重新配置就能运行各种应用程序。由于不再需要配置单个 worker 节点，部署方式也变得更加简单。

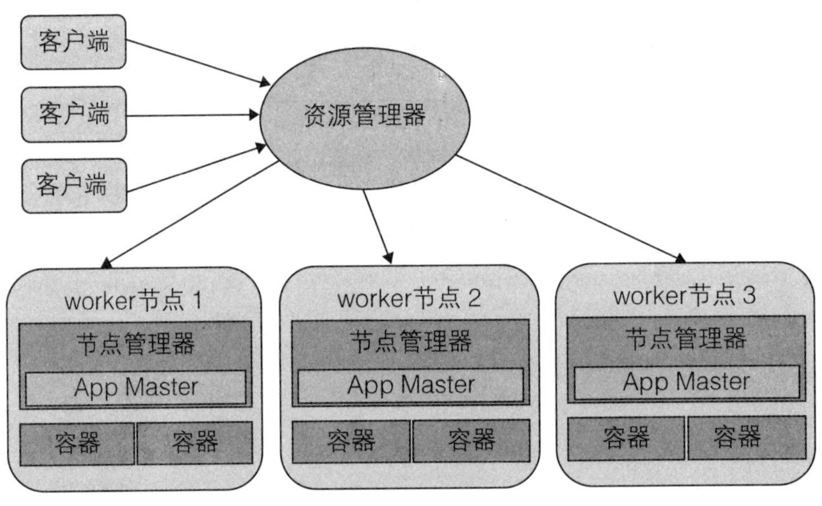

图 2-9　YARN 的通用架构

由于如今很多 Hadoop 集群都部署了 YARN，在集群间迁移 Spark 程序也更加方便，不需要在每一个新集群上重新安装及配置 Spark。因此，操作一个基于 Spark 的系统也变得更加简单，这也是为什么许多公司在 YARN 或者 Mesos 而不是专有集群上运行 Spark 的原因。

在本节，我们将了解部署在 YARN 上的 Spark 通用架构，如何利用 YARN 配置动态资源的分配，最后会看一个部署场景。

架构

我们先了解 YARN 的架构以及 YARN 如何适配 Hadoop 生态系统。对 YARN 来说，Spark 仅仅是一个应用程序。因此，当我们讨论 YARN 的资源分配方式时，所有概念对于在 YARN 上运行的 Spark 同样适用。

在 YARN 里，有两个主要实体：ResourceManager（RM）及 ApplicationMaster（AM）。还有一个组件，NodeManager（NM），它是 ResourceManager 的从节点（slave）。

一般来说，ResourceManager 控制一个集群里可用的全局资源池，这个资源池有某些配置和约束。Zookeeper 是分布式系统和 Hadoop 中被广泛应用的集群管理工具，用于管理节点间的配置及分布式服务。

集群中的每一个应用程序都有一个与框架对应的 ApplicationMaster，例如 MapReduce 及 Spark 就有自己的 ApplicationMaster 版本。ApplicationMaster 从 ResourceManager 中请求资源，ResourceManager 会根据资源的可用性进行分配。ApplicationMaster 与 NodeManager 协调来执行这些任务。

YARN 的资源分配方式定义了一个重要的概念“容器”（container）。容器就是一个包含内存、CPU、网络、硬盘的资源集，这些有限的资源被离散地分配给运行在容器中的进程。ResourceManager 有一个叫作 Scheduler（调度器）的实用程序，负责把容器分配给各个进程。Scheduler 的职责包括分配资源以及在资源可用时进行声明。

典型的工作流如下：ApplicationMaster 从 ResourceManager 中请求一个资源容器，NodeManager 在每个节点上启动并监控一个或多个容器。一个应用请求的资源可能超过单个容器的可用资源，然后 ApplicationMaster 将会请求多个容器去满足这个需求。而 YARN 不会与提出请求的应用协商，因此当请求不能被满足时，YARN 将会阻塞，提出请求的实体将被迫等待，直到请求的资源可用。

在 YARN 上运行 Spark 应用时，Spark 应用将透明地接入 YARN 生态系统。在 YARN 里没有 worker 的概念，直至 Spark 出现才有。YARN 知道集群里的节点，但是现在 Spark 看到的是许多可用的容器，每一个容器都有一些资源。YARN ApplicationMaster 处理容器之间的通信，承担 Spark Standalone 模式中 Spark Master 的角色。因此，它也处理 worker 节点间的通信。

Spark 的每个 executor 在它自己的 YARN 容器里运行，每个节点上的每个容器里存放 ResourceManager 分配的资源。与 Spark Standalone 一样，在每个 YARN 容器里将运行一个或多个任务。图 2-10 展现了 Spark 如何在 YARN 环境中执行，以及一些相关的配置参数，稍后我们将会详细说明。

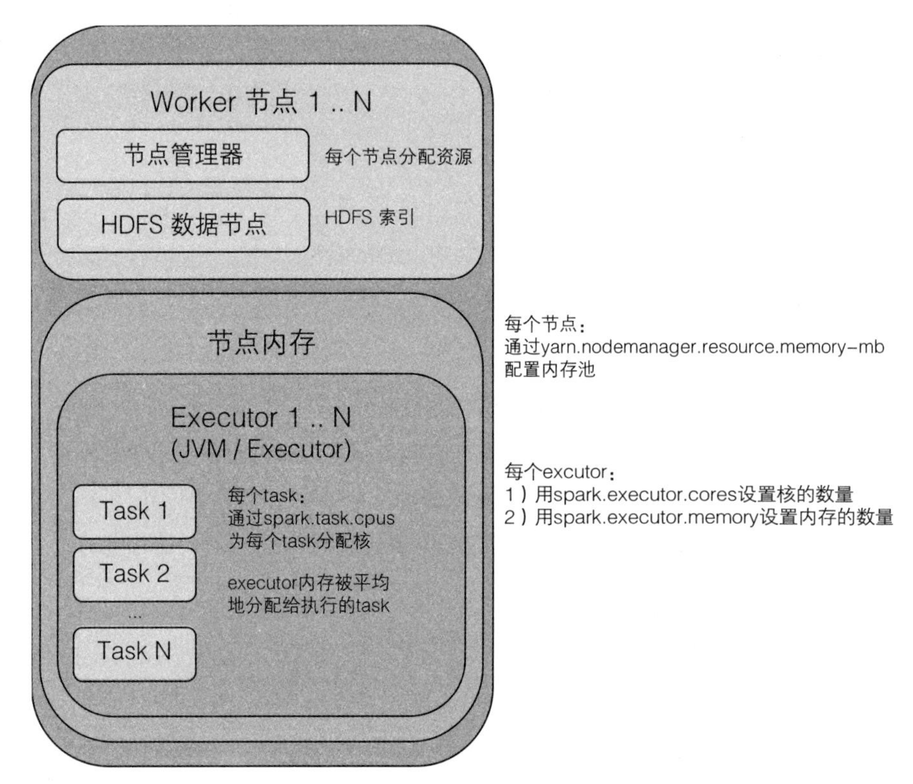

图 2-10　YARN 架构中的 Spark

接下来，介绍 YARN 容器里实际的内存结构。当我们讨论 Spark 内部细节时，已经看过 Spark 的可用内存是怎样组织的，现在来看这一点在集群管理器上是如何实现的。

图 2-11 中有两个 YARN 特有的参数尤为重要。第一个参数是 `spark.yarn.executor.memoryOverhead`，系统用这个参数为堆外存储分配额外的内存。当你用 `spark.executor.memory` 分配 8 GB 的内存时，YARN 实际上会根据参数 `spark.yarn.executor.memoryOverhead`、`max`(384, 10% *`spark. executor. memory`)分配一个比 8 GB 更大的容器。

当 Spark driver 以集群模式运行时（部署为集群内的隔离进程而不是在单机上运行），Spark 也支持配置 `spark.yarn.driver.memoryOverhead` 参数，它决定

driver 可用的堆外存储。注意，对于 driver 及 executor 来说，这些定义堆外存储的参数是默认的，但是它们都不是静态分配的。被 executor 消耗的内存可能随着程序运行，根据实际的堆外使用情况而发生变化。通常，在大多数程序中，这个内存值将占总内存的 6%到 10%不等。

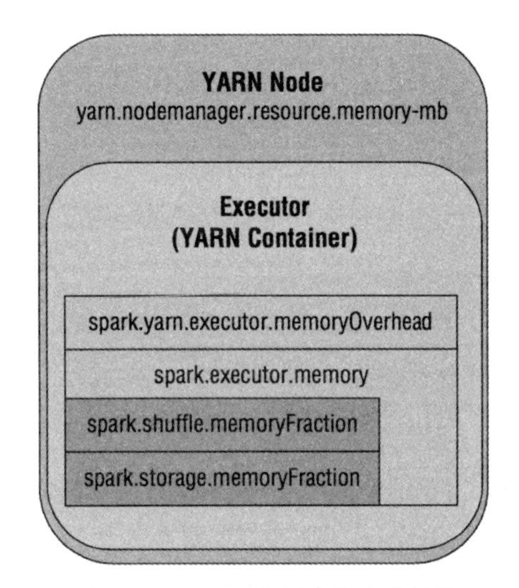

图 2-11　YARN 容器中的内存结构

从外部来看，两个 YARN 特有的参数在控制 YARN 每个节点的总内存及 CPU 的使用（未显示在图 2-11 中）。它们是在 YARN 中配置，而不是在 Spark 里配置的。`yarn.nodemanager.resource.memory-mb` 决定每个节点 YARN 容器的总计可用内存数，`yarn.nodemanager.reousrce.cpu-vcores` 控制 YARN 应用可用的 CPU 内核数。

动态资源分配

在 Spark Standalone 模式中，当你启动一个 Spark 集群时，集群管理器预先分配一组资源，用这些资源初始化每个 executor。通常来说，在 YARN 上运行 Spark 也是如此。然而，这样利用资源显然比较低效，因为这些 executor 的大量时间将是空闲的，不是每个 job 都需要所有可用资源。而且，在这个 job 完成前资源不会回收。这使一些 Spark 应用程序占用集群中的大量资源，最终集群中的大量程序无法执行完，特别是对于长时运行的 job，将会使剩下的资源无限阻塞。

所以，在 Spark 1.2 及以上版本中，可以根据需要动态地为 executor 分配及回收资源。因为 YARN 是动态管理器，而不像 Spark Standalone 一样是静态的，这种方式让我们能更加高效地使用集群资源。动态资源管理目前仅限于 YARN 部署方式，Spark Standalone 及 Mesos 都不支持。

启动动态资源分配时，Spark 使用一组启发式算法来确定 executor 是否过多或是否需要更多的 executor。第一个度量方法（metric）为是否有等着被调度的积压任务。Spark 将定期检查挂起（pending）的任务数，如果一直有在等待的任务，就分配呈指数增加的 executor。应用将首先增加 1 个 executor，然后是 2 个、4 个、8 个，在大多数情形下，增加几个 executor 就足够了。然而，在高工作负载下，为了满足需求应该迅速增加 executor 的数量，下面是与此相关的配置。

- 如果经过 `spark.dynamicAllocation.schedulerBacklogTimeout` 秒之后仍然有在等待的任务，则将请求更多的资源。
- 只要每隔 `spark.dynamicAllocation.sustainedSchedulerBacklogTimeout` 秒之后依然有在等待的任务，就会不断地请求资源。
- 当恢复资源时，Spark 就会释放那些已经空闲了 `spark.dynamicAllocation.executorIdleTimeout` 秒的 executor。

启用动态资源分配需要几个步骤，因为要做一些手动的集群配置。下面的步骤是从 Spark 文档摘抄过来的，做了少量修改：

1. 用 YARN profile 构建 Spark。如果使用预打包的发行版，可以跳过这一步。
2. 找到 `spark-<version>-yarn-shuffle.jar`。如果你是自己构建的 Spark，那么它应该在 `$SPARK_HOME/network/yarn/target/scala-<version>` 下，如果你用的是发行版，它就在 lib 下。
3. 在集群所有 `NodeManager` 的类路径下添加此 jar。

4. 在每个节点的 yarn-site.xml 文件中，把 spark_shfuffle 加入 yarn.nodemanager.aux-services。
5. 在每个节点的 yarn-site.xml 文件中，将 yarn.nodemanager.aux.servies.spark_shuffle.class 设置为 org.apache.spark.network.yarn.YarnShuffleService。
6. 设置 spark.shuffle.service.enabled 为 true。
7. 设置 spark.dynamicAllocation.enabled 为 true 。
8. 重启集群所有的 NodeManager。

当启用动态分配时，无须再手动设置-num-executor 属性，因为系统会根据调度器的需求，增加可用的 executor 来执行任务。在 Spark 1.5 之前，有一个已知的问题，当与缓存的 RDD 相关的容器被收回时，这些 RDD 可能会无效。当缓存的 RDD 在 Spark shell 里工作时，如果命令之间有暂停，这些 RDD 可能会消失。

场景

既然我们了解了 YARN 部署的架构，接下来就来看看一个 Spark job 在 YARN 上是如何设置及执行的。在 YARN 上运行 Spark 有两种方式。第一种情况，driver 运行在启动 Spark 应用的机器上，无论这个 Spark 应用是 spark-shell 还是 spark-submit 提交的二进制码。在这种情形下，YARN 应用程序 master 只负责从 YARN 中请求资源，这就是 yarn-client 模式。第二种情况，driver 在 YARN 容器里运行，客户端可以从集群中断开，或者用于其他 job，这叫作 yarn-cluster 模式。

下面是一个在 yarn-cluster 上运行 job 的简单例子：

```
$SPARK_HOME/bin/spark-submit -master yarn-cluster -num-executors 4
--executor-cores 3 -class Main.class MyJar.jar
```

另一种方法，我们能用以下命令在 YARN 上运行 Spark shell：

```
$SPARK_HOME/bin/spark-shell -master yarn-client -num-executors 4
```

```
--executor-cores 3
```

通过 YARN Resource Manager UI 可以看到在运行的 YARN job，如图 2-12 所示。

Cluster Metrics

Apps Submitted	Apps Pending	Apps Running	Apps Completed	Containers Running	Memory Used	Memory Total	Memory Reserved	VCores Used	VCores Total	VCores Reserved	Active Nodes	Decommissioned Nodes	Lost Nodes	Unhealthy Nodes	Rebooted Nodes
30	0	1	29	61	91 GB	2.14 TB	0 B	301	672	0	14	0	0	0	0

User Metrics for dr.who

Apps Submitted	Apps Pending	Apps Running	Apps Completed	Containers Running	Containers Pending	Containers Reserved	Memory Used	Memory Pending	Memory Reserved	VCores Used	VCores Pending	VCores Reserved
0	0	1	29	0	0	0	0 B	0 B	0 B	0	0	0

Show 20 entries　　Search:

ID	User	Name	Application Type	Queue	StartTime	FinishTime	State	FinalStatus	Running Containers	Allocated CPU VCores	Allocated Memory MB	Progress	Tracking UI
application_1449562426938_0021	vault8	Spark shell	SPARK	root.vault8	Fri Dec 11 09:51:02 -0800 2015	Fri Dec 11 09:52:15 -0800 2015	FINISHED	SUCCEEDED	N/A	N/A	N/A		History
application_1449562426938_0020	vault8	Main	SPARK	root.vault8	Fri Dec 11 09:38:57 -0800 2015	N/A	RUNNING	UNDEFINED	61	301	93184		ApplicationMaster
application_1449562426938_0019	vault8	Main	SPARK	root.vault8	Thu Dec 10 14:59:21 -0800 2015	Thu Dec 10 21:00:52 -0800 2015	FINISHED	SUCCEEDED	N/A	N/A	N/A		History
application_1449562426938_0018	vault8	Main	SPARK	root.vault8	Thu Dec 10 14:49:50 -0800 2015	Thu Dec 10 14:58:20 -0800 2015	FINISHED	SUCCEEDED	N/A	N/A	N/A		History

图 2-12　YARN job UI

这种方法十分简单。然而有时候，在 YARN 上运行 Spark 会发生一些复杂情况。一个常见问题是，YARN 资源管理器对与 Spark 的交互进行了某些限制。例如，当启动 Spark 应用时，试图分配比 YARN 中集群可用的更多资源。在这种情形下，Spark 将提出申请，而不是直接拒绝请求，YARN 会等待资源变成可用状态，即使可能永远不会有足够的资源。

另一个常见的问题是，单个 YARN 容器的可用资源是固定的。就算可能分配多个容器，但是一个容器的资源是有限的。如果一个 Spark 应用，因为这样或那样的原因，使用的内存超出一个 YARN 容器的可用内存，就会出现问题。比如纳入过多数据，并试图在内存中对其进行操作，或者某个特别转换的结果很大。在这种情形下，YARN 将终止容器并报错，但是这个问题的底层原因很难追踪。了解这种可能性，当它真的发生时就能很快识别，并知道去其他地方查找根本原因。一般来说，Spark job UI（见图 2-13）是发现执行错误及跟踪错误的好工具。

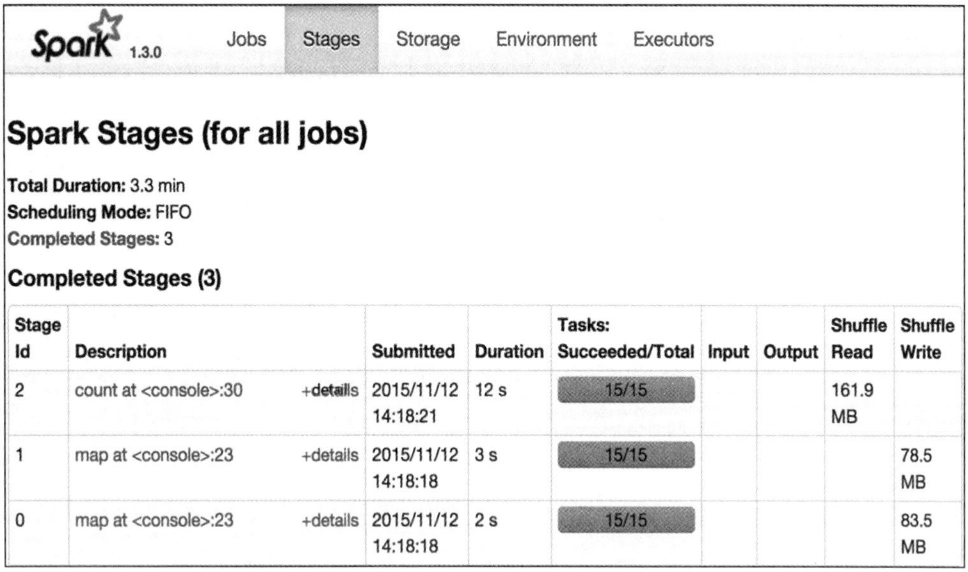

Spark 1.3.0　Jobs　Stages　Storage　Environment　Executors

Spark Stages (for all jobs)

Total Duration: 3.3 min
Scheduling Mode: FIFO
Completed Stages: 3

Completed Stages (3)

Stage Id	Description		Submitted	Duration	Tasks: Succeeded/Total	Input	Output	Shuffle Read	Shuffle Write
2	count at <console>:30	+details	2015/11/12 14:18:21	12 s	15/15			161.9 MB	
1	map at <console>:23	+details	2015/11/12 14:18:18	3 s	15/15				78.5 MB
0	map at <console>:23	+details	2015/11/12 14:18:18	2 s	15/15				83.5 MB

图 2-13　Spark job UI 视图

Mesos

Mesos 是可以替代 YARN 的另一种集群管理器，最大的优点就是它没有与 Hadoop 生态系统绑定。大的数据中心可能包含多个部署，有些运行 Hadoop，而有些没有。Mesos 的与众不同之处在于，它能管理整个集群的资源。然而，当 Mesos 作为独立的实体完成类似 YARN 的角色时，它们相互并不冲突，也不直接竞争。YARN 由 Hadoop MapReduce 演化而来，它经过了优化，能为长时运行的批量 job 高效地分配资源。所以，YARN 能高效调度和管理许多长时运行的大工作负载，但不适用于短时处理或长时运行的服务，因为它们可能需要横向和纵向扩展。

相比之下，Mesos 的架构更具可伸缩性，更易于调整，因而能更好地适应短时工作负载。Spark 是一个灵活的框架，既支持长时的批处理 job 也支持短时请求和持续的服务，选择哪个服务完全取决于你的使用场景以及使用该工具的方式。好在如果条件允许，可以在一个环境中同时运行 Mesos 与 YARN。

要同时运行两个框架，正常来说需要静态分配资源——一些给 YARN，一些给 Mesos，显然这只是次优方案。为整合各框架的能力，最近有一个项目已设法将它们合成一个框架。MapR、eBay、Twitter 及 Mesosphere 协作创建了 Myriad 项目，把 Mesos 和 YARN 的功能组合起来。Myriad 是一个开源项目，主要将 YARN 转换为一个 Mesos 客户端，允许 YARN 有更多变化，同时保留其先天对 Hadoop 生态系统的支持。

在大多数情况下，无论是 Mesos 还是 YARN，各自单独运行在 Spark 集群上都是能满足需求的，但不要忽略 Spark 有自己的宏伟蓝图。下面，我们将深入理解 Mesos 的架构。

安装

要在 UNIX 环境中安装 Mesos，首先应下载最新的稳定发行版，这里的 `<version>`表示你希望使用的 Mesos 版本。

```
wget http://www.apache.org/dist/mesos/<version>/mesos-<versio>.tar.gz
```

解压：

```
tar -xvf mesos-<versino>.tar.gz
```

用以下命令来 build：

```
cd mesos
mkdir build
cd build
../configure
make
```

Mesos 现在准备就绪，但是你需要在集群的每台机器上重复这个过程。在 master 节点上运行（确保节点上有工作目录）：

```
./bin/mesos-master.sh --ip=$MASTER_IP --work-dir=/var/lib/mesos
```

在 slave 节点上运行：

```
./bin/mesos-slave.sh -master=$MASTER_IP:5050
```

然后就可以在以下地址看到 Mesos UI（见图 2-14）：

```
http://$MASTER_IP:5050
```

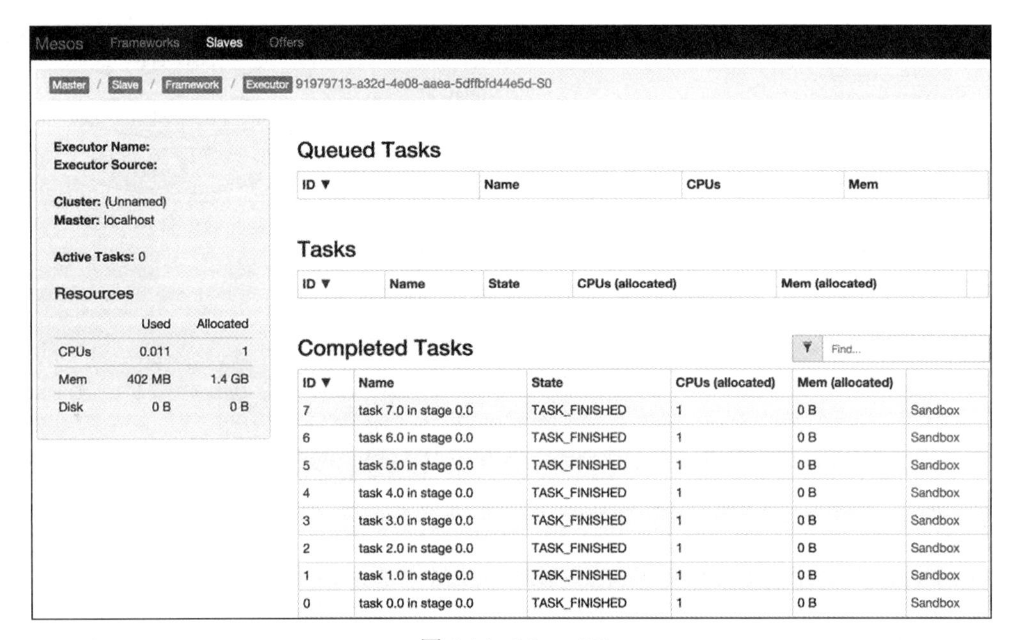

图 2-14　Mesos UI

架构

为提供细粒度的资源分配，Mesos 在集群上通过独立的进程集运行。YARN 与 Mesos 分配资源的方式有很多不同，这里我们会谈到其中的一些区别。YARN 是一个单一的调度器。其方式是允许框架请求资源，然后，YARN 会分析可用资源，分配相应的资源给框架去运行请求的 job。相比之下，当框架提交请求给 Mesos 时，情况会有所不同。

同 YARN 一样，Mesos 也会分析可用资源。不过这时它不会直接分配资源给框架，而是提供一组资源 offer（提议）给提出申请的框架，然后由框架来接受或者回绝这些 offer。这种方式的优点是每个请求的框架目前可以选择以更细粒度的方式调度 job。Mesos 对资源进行有策略地分配，确保它们基于规则及配置公平地进行分布式处理，但是至于如何使用资源，最终还是由框架及其调度器来决定。由于框架与Mesos master之间不断在协调，因此这种方式更具扩展性且更加灵活（见图2-15）。

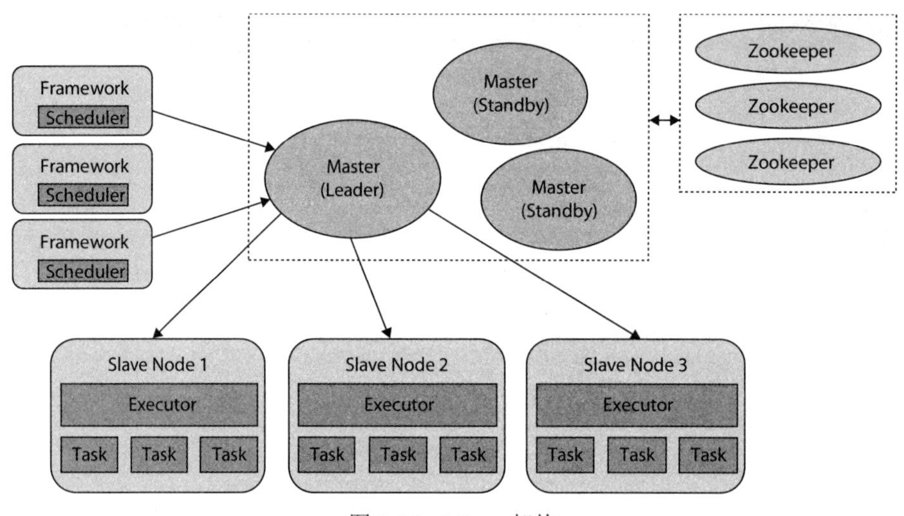

图2-15　Mesos架构

一旦框架内的调度器接受资源offer，该框架就会给master发送它希望在分配的资源中运行的task的描述，然后master在相应的slave中启动这些task。与YARN一样，一个slave节点可以运行多个executor，而每个executor又执行多个task。Mesos架构是冗余的——standby节点是Mesos master的备用节点，当master失败时就用它来代替。Zookeeper用于跟踪集群中节点的状态，与在YARN中一样，它会重启失败的节点。

当在Mesos上运行Spark时，Spark被作为一个框架来看待。Mesos在任务级别（task level）处理Spark的资源分配。随着driver创建job并提交任务给Mesos，Mesos会动态分配资源去处理这些短时进程。在Mesos上运行的Spark与在YARN中的一样支持集群模式及客户端模式。在集群模式，driver进程运行在集群的资源块中（resource block）；在客户端模式，Spark框架及driver运行在启动Spark job的机器上。

在Mesos上运行的Spark，对于资源分配也提供了两种不同的操作模式。在默认的细粒度模式下，有Spark任务到Mesos任务的一对一映射。在这种模式下，整体的资源使用减少了，但是增加了分配资源与回收资源的额外开销。作为可选方式，Spark 还能以粗粒度模式运行，这种模式中 Spark 在每个 Mesos 机器上运行一个长时任务，并且在这台机器内处理任务调度。这种方式实际上类似于 Spark Standalone，只不过不用手动创建集群，另外 Spark 还需要 Mesos 来做初始的资源分配。在粗粒度模式下，我们获得了低开销及快速调度短查询的好处，但是牺牲了 Mesos 强大的动态特性。

和 YARN 一样，还有一些重要的 Mesos 特定配置参数需要了解。在细粒度模式下，可以配置每个 executor 使用的内核数。尽管 Mesos 按需分配资源，但它依然是在 executor 级别上分配资源的（即使每个 Spark 任务只有一个 Mesos 任务）。所以，每个 executor 接受 `spark.mesos.mesosEecutor.cores` 指定的固定 CPU 核数，多个不同的 Mesos 任务可能会共享这个参数。重要的区别在于它们是 Mesos 专用的 CPU 核，Mesos 还是会基于 Spark 的 `--executor-cores` 参数分配额外的 CPU 核。即使没有 Spark 任务可分配时，这些分配给 Mesos 的核仍然是活跃的。

除此之外，Mesos 还有一个与 YARN 中的堆外内存配置类似的参数。`spark.mesos.executor.memoryOverhead` 参数表示额外的可用堆外内存，与 YARN 一样，其默认值为以下两个值中较大者：384 或 `spark.executor.memory` 参数的 10%。

动态资源分配

Spark 支持部分使用 Mesos 进行动态资源分配的功能。有了 Mesos 实现的动态资源分配，Spark 能在粗粒度模式下动态增加/减少 executor 的数目。在细粒度模式下，如前所述，Mesos 将为每个 Spark 任务启动一个任务，并允许可用资源的动态伸缩。然而，如果想充分利用粗粒度模式的低开销，又能灵活地调整 Spark 使用的资源，那么我们可以配置动态资源分配。

我们需要运行 Mesos Shuffle Service 来启用该设置，它将处理 shuffle 清理。我们在每个 slave 节点上运行 `$SPARK_HOME/sbin/start-mesos-shuffle-service.sh` 脚本，这些节点将运行 Spark executor。

接着，跟 YARN 一样，设置 spark.dynamicAllocation.enabled 为 true。

- 如果经过 spark.dynamicAllocation.schedulerBacklogTimeout 秒后依然有任务在等待，将会请求额外的资源。
- 每隔 spark.dynamicAllocation.sustainedSchedulerBacklogTimeout 秒后如果还有任务在等待，将会再次请求资源。

当恢复资源时，Spark 会直接收回那些已经空闲了 spark.dynamicAllocation.executorIdleTimeout 秒的 executor。

基本安装场景

作为一项完整性检查，首先要确保 Mesos 的正常运行。我们已经在安装过程中启动了 master 和 slave，接下来就运行一个 Java 和 Python 的示例：

```
cd $MESOS_HOME
make check
$MESOS_HOME/src/examples/java/test-framework $MASTER_IP:5050
$MESOS_HOME/src/examples/python/test-framework $MASTER_IP:5050
```

在 Mesos 上运行 Spark，每个 slave 节点上会有一个 Spark 二进制包，可以通过 Hadoop URI 进行访问，这些 URI 既可以是 http:// 或 s3n://，也可以是 hdfs://。

客户端模式

接着，在客户端模式下启动 Spark。首先，需要在 driver 上配置 spark-env.sh 文件，使 Mesos 正常运行：

```
export MESOS_NATIVE_JAVA_LIBRARY=<path to libmesos.so>

export SPARK_EXECUTOR_URI=<path to Spark binary above>
```

注意 libmesos.so 通常在 /user/local/lib/libmesos.so 路径下。在 Mac OS X 中，它的名字为 libmesos.dylib。

在 Spark 配置文件或 Spark Context 中设置：

```
spark.executor.uri <path to Spark binary above>
```

当创建 SparkContext 时，必须将 master 也设置为指向 Mesos master：

```
val conf = new SparkConf()
.setMaster("mesos://$MASTER_IP:5050")
.set("spark.executor.uri", <path to Spark binary>
val sc = new SparkContext(conf)
```

然后通过下列命令启动 shell：

```
$SPARK_HOME/bin/spark-shell -master mesos://$MASTER_IP:5050
```

集群模式

在集群模式下，driver 以进程形式在 Mesos 内运行。可以通过如下命令启动集群模式：

```
$SPARK_HOME/sbin/start-mesos-dispatcher.sh $MASTER_IP:5050
```

然后就能用如下命令提交 job：

```
$SPARK_HOME/bin/spark-submit -master mesos://dispatcher:7077
-num-executors 4 -executor-cores 3
--class Main.class MyJar.jar
```

细粒度 vs 粗粒度

要配置资源模式很简单，它是 Spark 配置中一个简单的属性设置。

```
val conf = new SparkConf().set("spark.mesos.coarse", "true")
val sc = new SparkContext(conf)
```

当配置粗粒度模式的调度时，Spark 将默认包含了 Mesos 的所有可用资源。考虑到你可能不希望这样，尤其是启用了动态资源分配时，那么你可以设置默认的 CPU 核数：

```
conf.set("spark.cores.max", "15")
```

比较

我们已经介绍了在集群中配置和启动 Spark job 的三种不同方式。在本节，我们将回顾这些框架的差异，并讨论如何对它们进行权衡，帮助你挑选出最佳的解决方案。

Spark Standalone 是我们考虑的第一选择。它提供了一种在多台机器上建立 Spark 集群的简单方式，不依赖其他工具是它最大的优点。除此之外，虽然在配置时它需要对环境的完全访问权，但也不是特别复杂。

Spark Standalone 的主要限制在于，它并不是真正的资源管理器，因此不能够动态调整资源的使用或者灵活处理并发使用。当 Spark Standalone 集群上有多个并发用户时，它要求每个应用程序明确、静态地指定它将消耗的资源数量，因此需要集群的所有用户协调与配合。它不能便捷地添加新的工作负载，也不能按单个应用程序的需求做相应调整。

从性能角度而言，Spark Standalone 是所有框架中最简单的。它预先分配了 Spark 要用的所有资源，因此当启动新的 Spark 应用时，它的启动时间最短。

接下来，我们来看一看 YARN 框架。YARN 提供了更灵活的集群管理方式，并解决了 Spark Standalone 的许多局限性。尽管 YARN 的默认模式里没有动态资源分配，但是它提供了一个更稳健的框架来运行集群，方便了多租户及伸缩性资源管理。

最重要的是，YARN 中资源的使用与调度是通过队列与用户配置文件严格控制及分配的，因此独立处理集群里多个并发用户之间的资源共享更为简单。这些用户不需要协调其应用的资源使用和资源分配策略，他们的可用资源是通过集群管理员配置及最终控制的。所以集群管理员可以通过妥当地配置 YARN，让它来解决更加复杂的调度以及资源共享问题（见图 2-16），确保在多个用户间公正地分配资源。

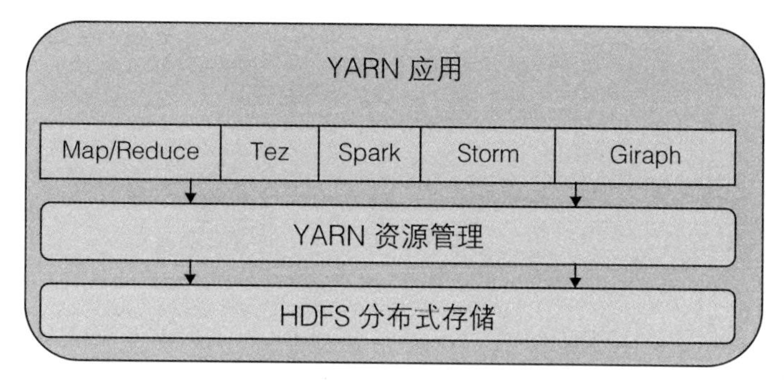

图 2-16 YARN 上的并发应用和服务

在 Spark Standalone 中，当启动集群时，必须明确地指定每台机器上集群的资源分配。这种静态分配是持久的，后期不能进行调整。它有两方面的影响：首先，不能动态扩展集群的可用资源——随着集群的增长，没有任何方式可以通过不停机而实现扩展，来满足增长的资源需求；其次，只要这个 Spark Standalone 集群是活跃的，这种静态分配就永久限制了运行在这些机器上所有其他应用的可用资源。

YARN 直接解决了这些限制。YARN 集群没有静态资源分配，而是可以弹性地纵向或横向调整，无须停机就能按需增加机器及资源。YARN 将根据可用的物理资源产生新的 job，不需要用户来处理。新版本 Hadoop 支持高可用及故障转移，意味着在不停机的情况下，增加新的机器至 Hadoop 集群及增加整个可用物理资源池中的资源数是可能的。因此，应用能不间断运行而不会被中断，提供了更好的用户体验，确保了业务的连续性。

其次，在 YARN 中资源的使用也不是静态的。随着应用程序的启动、执行和完成，它们把资源释放到可用资源池。在 YARN 中，资源分配并不是一成不变的，YARN 允许随着集群上不同类型和数量应用的执行，负载和资源的使用弹性地变化。在集群负载较重时，资源密集型应用可能会被迫等待可用的资源，但由于资源是动态分配的，它们并不会无限期等待下去（见图 2-17）。

除了前面讨论过的几个优点，YARN 还支持在 Spark 里动态使用资源，提供了更大程度的灵活性，使 YARN 上的 Spark 应用能够顺利地执行。长时及资源密集型应用可以配置动态资源分配，把它们请求的一些资源释放回 YARN，供其他应用程序使用（见图 2-18）。

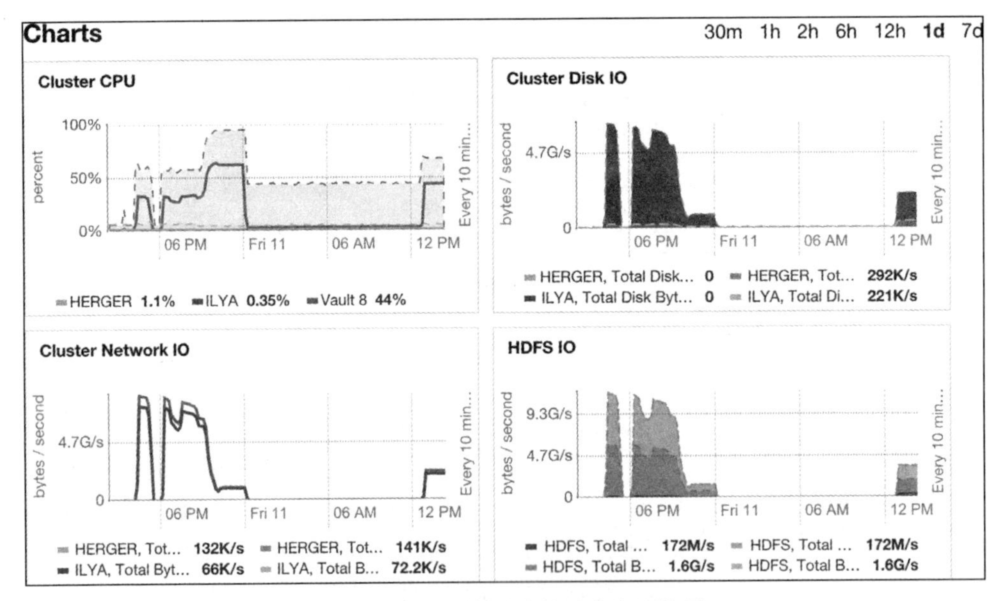

图 2-17　YARN 集群上的动态资源使用

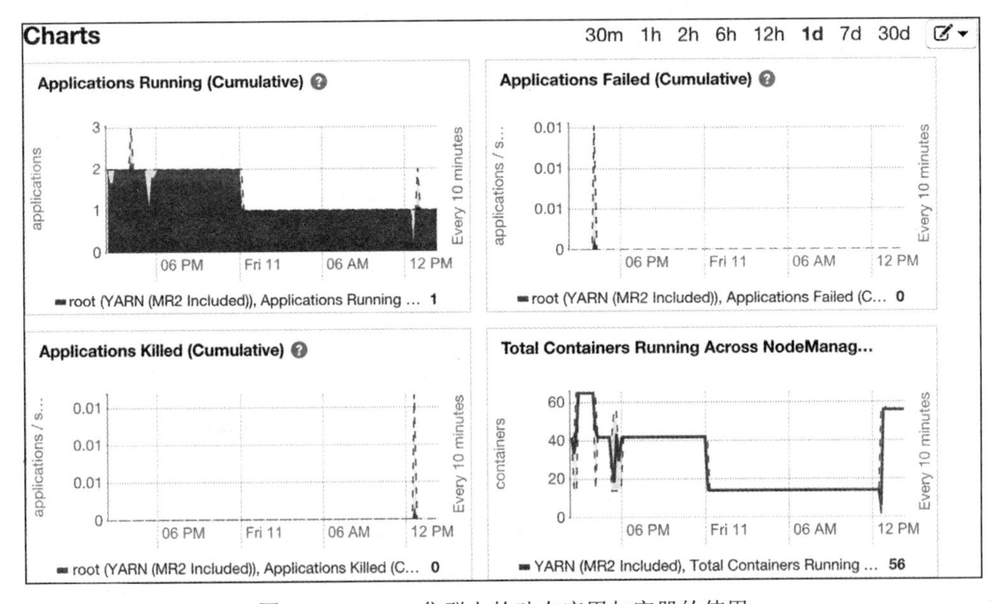

图 2-18　YARN 集群上的动态应用与容器的使用

Spark on YARN 有两个短板。第一个大问题是，在实际场景中 Spark 使用的资源可能会超过 YARN 分配的资源，这将导致出错，而且这些错误通常很难追踪和隔离。因此，在 YARN 上运行大且复杂的 Spark 应用时，需要对 Spark 的核心架构非常熟悉，并且知道怎样配置才能使 Spark 应用稳定运行以及合理地使用资源。

第二个挑战简单来说就是复杂度——启动和维护 YARN 集群时会遇到很多问题。增加对 Hadoop 的依赖及把 YARN 作为额外的组件，引入了更多的故障点，并且为升级与配置带来更多潜在挑战。

多用户及多应用的资源需求容易产生冲突，这时常会导致运行的应用程序面临更多挑战或运行速度更慢。尽管 YARN 帮助权衡这些需求并确保一切顺利运行，但是它不能保证所有应用程序都能快速而高效地运行，因为它无法保证这些应用可以消耗所有可用资源。对于简单场景，Spark Standalone 模式是更好的选择，除非使用场景明显需要更大的灵活性及用到 YARN 的动态特性。

最后一个框架是 Mesos。YARN 相对于 Spark Standalone 的许多优点，Mesos 都有。对于多租户及集群共享使用，Mesos 也提供了更大的灵活性。Mesos 同样支持集群内资源动态分配及可用资源的弹性伸缩。所以，对于高度动态的应用或更通用的工作负载，Mesos 是集群管理工具常见的选择。Spark 最初也是在 Mesos 上开发的（直至 Spark Standalone 演化为潜在的选项）。虽然现在 Spark 更多部署在 YARN 上，多个使用案例的经验表明在 Mesos 上运行大的 Spark 工作负载比在 YARN 上的可靠性更高。

相对于 YARN，Mesos 的一大优势是：允许明确地制订权衡后的资源分配策略，这一点既帮助 Spark 更好地与 Mesos 集群中其他应用共存，也改善了长时运行的 Spark 服务及应用的响应性。因为 Mesos 允许我们配置资源分配的粒度，所以你可以在二者间做出选择：要么是对资源整体管理得更好的细粒度模式，要么是能够减少启动新 Spark 应用及任务的运行代价的粗粒度模式。

Mesos 比 YARN 的伸缩性更大，因为它不像 YARN 一样在调度及资源分配上存在单点瓶颈。并且，Mesos 这种让应用选择最终使用的资源的方式，支持更加健壮的资源分配策略，随着 Spark 技术的继续发展，它能支持更广泛的场景以及更高级的资源调度形式。由于 Mesos 不依赖于 Hadoop，同时并非所有的 Spark 集群都构建在 Hadoop 生态体系内，因此 Mesos 可能适用于更多使用场景。

Mesos 不如 YARN 的地方在于集群配置上的一些高级特性。例如，因为 YARN 采用的是集中控制模式，所以支持实施全局资源限制，比如限制一个组内的用户可用资源，而不用牺牲显式配置机架及节点局部特性的能力。YARN 也隐藏了很多复杂工作，例如在环境中各节点及容器中部署库和 jar 或安全令牌等依赖。

总结

在本章中，我们学习了集群管理的重要性，了解了创建一个有多个并发用户和应用争夺共享池中可用资源的环境需要面对哪些挑战，以及 YARN 及 Mesos 之类的框架如何可靠地处理资源冲突，确保所有应用程序及用户公平地访问资源。我们弄清了这些框架如何从处理单台机器上的资源分配及调度的通用操作系统演化而来，因而更深入地理解集群管理工具在更广泛的数据生态系统中所扮演的角色。

我们介绍了 Spark 环境最简单的集群管理工具：Spark Standalone。Spark Standalone 为 Spark job 预先分配一组资源，使 Spark job 能快速启动与执行。它不提供集群资源的优化配置，对很多重要的场景都不支持。具体来说，在 Spark Standalone 里不能动态调整集群里的可用资源数，也不能在多个应用间共享资源。

为消除其中的一些限制，可以在另外两个集群管理框架上运行 Spark。第一个是 YARN，它是 Hadoop 生态系统上的资源管理器。随着 Hadoop 的流行以及适配性的提升，在 YARN 上运行 Spark 在许多企业中越来越普遍。YARN 让 Spark 透明地接入更丰富的 Hadoop 生态系统中，允许 Spark 与其他各种应用同时运行，让用户能利用各种工具来解决他们所面对的问题。YARN 为用户提供了使用工具时的灵活性，比起 Spark 自带的工具，用户选用的工具能处理更广泛的应用场景。

YARN 允许 Spark 从基于资源静态分配的模式转向按需动态请求及释放资源的模式。这让 Spark 能共享集群资源，同时允许用户编写可以随着时间动态调整资源使用的 Spark 应用，因此具有更大的动态性，支持更多的解决方案。YARN 也支持集群里的资源弹性扩展，当需要时就可以增加新资源，促进了业务及项目的长期发展。这种动态扩展硬件资源的能力，允许我们将同一个应用运行在更大的数据集上，而不需要重写程序或者改变它的架构。

最后，我们介绍了 Mesos——一个更通用的资源管理框架，它没有绑定到 Hadoop 生态系统上。Mesos 相对于 YARN 有许多优点，能更好地控制资源分配策略，让用户可以根据 Spark 应用运行时间的长短（long-lived 与 short-lived）来优化它们，从而为应用提供更灵活的调度策略。

虽然 Mesos 与 YARN 之间存在一些区别，如前面讨论过的，在多数实际场景中，就性能和易用性而言，它们是可互换的。除非必须使用 Mesos 和 YARN，否则建议采用 Spark Standalone，因为它是启动及运行 Spark 集群最简单的方式。不过，最终使用哪一种资源和集群管理工具，还是根据具体应用场景来决定。

第3章

性能调优

在前两章，我们遵循必要的步骤让 Spark 应用在一个稳定生产环境中运行。不过这些步骤还不够——还需通过其他方法最大限度地提高程序性能。尽管作为一个集群计算框架，Spark 能够处理可伸缩性、容错、job 调度、负载均衡等分布式数据处理的主要问题，但是要编写出能在集群上分布式运行的高效代码并非易事。我们总会面临一些性能瓶颈。

本章我们将探索提高 Spark job 性能和避免潜在性能瓶颈的若干技术。要写出高效的 job，第一步就是要理解 Spark 基本原理。

考虑到性能这个问题，本章将介绍 Spark 执行模型，描述数据被 shuffle（洗牌）的过程。你会明白为什么应当避免 shuffle 数据，以及何时是这样做的最佳时机。我们还会解释分区为什么如此重要，以及我们选择的 Spark 算子（operator）将如何影响效率。

本章还有一节专门讲述数据序列化，评估 Spark 支持的数据序列化器：Java 和 Kryo。

要提升 Spark 应用的性能，一个重要因素就是缓存机制。把中间的结果或者表保存到内存，能节省不少时间，否则需要重新计算 RDD 或从磁盘加载数据。本章描述了如何使用 Spark 缓存。因为 SparkSQL 缓存的行为较特殊，所以我们专门用一节来讲述为了获得更高的性能如何缓存表。

Spark 因大规模数据处理的内存引擎（in-memory engine）而闻名，但是你知道“in-memory”的真正含义吗？Spark 在什么情况下使用内存？接下来我们将会回答这些问题，看一看在哪些情形下 Spark 能充分利用内存，以及垃圾回收会如何影响性能。

在本章，我们将介绍两种类型的共享变量。

- 广播变量（broadcasted variable）：用于在集群上高效地分发占用内存较多的值。
- 累加器变量（accumulator variable）：用于从 worker 节点聚合信息。

我们将讨论什么时候使用这些共享变量，以及为什么它们对分布式应用有意义。本章最后会谈一谈数据局部性，讲述 Spark 怎样利用数据的邻近性（data proximity）提高执行性能，以及如何控制这种行为。

Spark 执行模型

在深入探讨 Spark 应用的性能改善之前，有必要先了解 Spark 在集群上分布式执行程序的基础知识。当运行一个 Spark 应用时，driver 进程会随着集群 worker 节点上的一系列 executor 进程一起启动。driver 负责运行用户的应用程序，当有 action 被触发时 driver 负责管理所需执行的所有工作。另一方面，executor 进程以任务（task）的形式执行实际的工作以及保存结果。但是，这些任务是如何分配给 executor 的呢?

对于 Spark 应用内部触发的每个 action，DAG 调度器都会创建一个执行计划来完成它。执行计划就是将尽可能多的窄依赖（narrow dependency）转换（transformation）装配到各步骤（stage）中。RDD 间的窄依赖是指父 RDD 的每一个分区最多能被一个子 RDD 的分区使用。当有一些宽依赖需要做 shuffle 操作时，stage 就受限制了。当多个子 RDD 的分区使用同一个父 RDD 的分区时，RDD 间就会产生宽依赖（见图 3-1）。

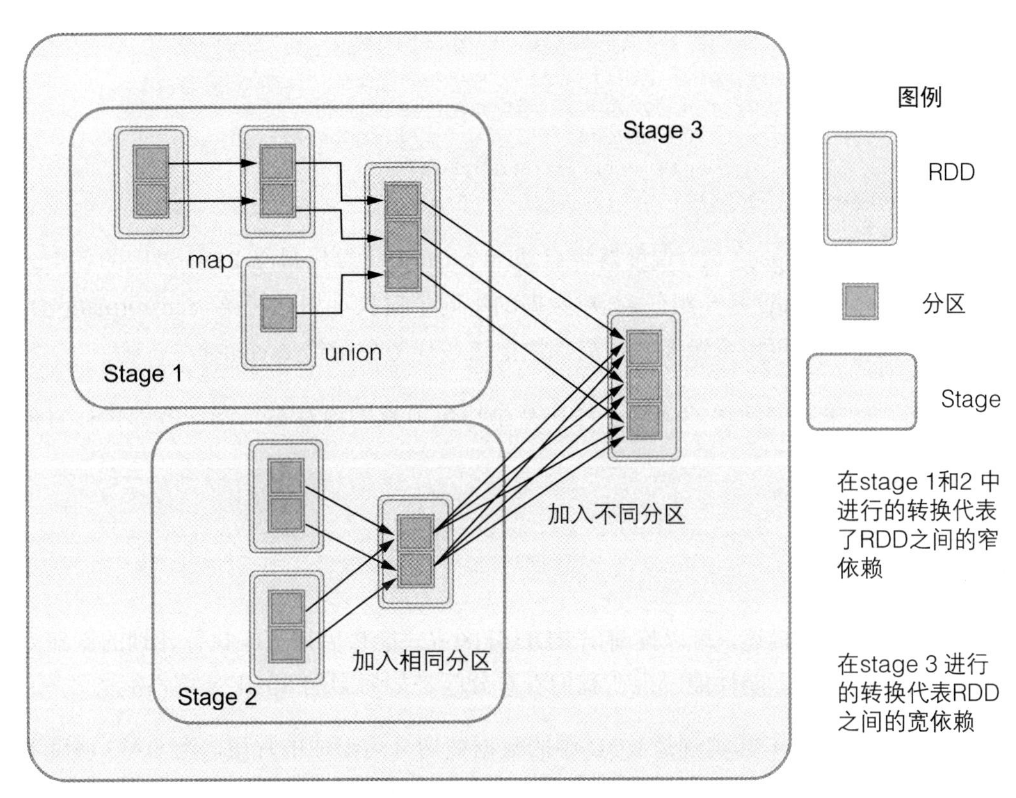

图 3-1　RDD 宽依赖和窄依赖

让我们看一个例子。考虑下面的代码片段：

```
val numbers = sc.parallelize(nrCollection)
val multiplied = number.filter(_%2 == 0).map(_ * 3).collect()
```

代码筛选出偶数，然后乘以 3 并通过 `collect` 操作将结果返回。由于它们输入分区的数据没有分发到多个输出分区，因而都是窄转换，所以它们都将在同一个 stage 中执行。

另外，下面的代码对文件里的单词进行计数，筛选出现过 10 次的单词，然后对这些单词中的每个字符出现的次数进行计数。最后，通过 `collect` action 操作触发 job 的执行。这些转换中有两个是 stage 边界（它们有宽依赖）。代码中的两个 `reduceByKey` 转换是生成 3 个 stage 的原因：

```
val words = sc.textFile("textFilePath").flatMap(_.split(' '))
val wordCounts = words.Map((_, 1)).reduceByKey(_ + _)
val filteredWords = wordCounts.filter(_._2 == 10)
val characters = filteredWords.flatmap(_._1.toCharArray)
                .map((_, 1)).reduceByKey(_ + _)
characters.collect()
```

在定义 3 个 stage 之后，调度器将启动一个 task，计算出最终 RDD 对应的各个分区。因此，事实上 stage 是一组任务，对数据的不同子集执行相同转换（transformation）。任务调度器将基于可用资源及数据局部性把这些任务分配给 executor。

例如，如果需要转换的分区已经在某个特定节点的内存里，则任务的执行将被发送到该节点。

分区

根据上一节的描述，可以推断出 RDD 分区方式能极大地影响执行计划的创建方式，因此也会间接影响性能。现在我们看看分区是如何影响 Spark 应用性能的。

分区（partition）其实就是 RDD 中的数据被切分后形成的片段。当 DAG 调度器将 job 转换为 stage 时，每个分区将被处理成一个 task，每个 task 需要一个 CPU 核来执行。这意味着 Spark 应用的并行度取决于 RDD 的分区数。因此，不难理解对 Spark 应用性能进行调优时，RDD 的分区数可能是需要考虑的最重要的事情。

控制并行度

RDD 的分区数与其创建方式高度相关。从文件创建的 RDD 都有默认的分区数。例如，如果文件存储在 HDFS 上，分区数将等于文件块数目（一个文件块对应一个分区）。这意味着可以通过在 HDFS 上写文件时的块大小，或者通过配置 `InputFormat` 创建的分片（split）的多少，来控制分区数。

你也可以通过并行化集合来创建 RDD。在本例中，默认的分区数是由 `spark.default.parallelism` 属性决定的。这个默认值由集群管理器决定：对于运行在 local 模式的 Spark 1.5.2 来说，其值为 CPU 核的数目；对于细粒度模式的

Mesos 来说，其值为 8；在其他情况下，分区数取 2 与所有 executor 上的 CPU 核总数的最大值。

但是，你可以控制这些默认值。对这两种创建 RDD 的方式，可以通过一个用户输入参数来控制分区的数量：

```
sc.textFile(<inputPath>, <minPartitions>)
sc.parallelize(<sequence>, <numSlices>)
```

最常见的创建 RDD 的方式，是对已有的 RDD 进行一些转换操作（transformation）。通常，一个 RDD 的分区数与它所依赖的 RDD 的分区数相同。然而，有一些转换，例如“union”（合并）就不受此规则的制约，因为它创建的 RDD 其分区数等于父 RDD 所有分区数的总和。

我们来看另一种会引起数据 shuffle 的转换操作。这类转换都是宽依赖，即计算 RDD 的一个分区需要处理父 RDD 的多个分区的数据。这种情况下，如果不特别指定，默认分区数将是所依赖的 RDD 的最大分区数。且看 Pair RDD 上的一个 `groupByKey` 转换的示例：

```
rdd.groupByKey(<numTasks>)
```

要想写一个高效的 Spark 应用程序，就必须设置最优的分区数。假设 job 生成的任务数少于可用的 CPU 数。这种情况下，可能面临两个性能问题：第一，不能充分发挥整体计算能力；第二，如果分区数量少，单个分区内的数据量将会比分区数量更多时大很多。对于更大的数据集，执行任务时还会有内存压力和垃圾回收的压力，导致运算速度减慢。

同样，如果一个分区内的数据太大无法加载到内存，数据将不得不溢写到磁盘以避免出现 out-of-memory 异常。但是溢写到磁盘需要排序及磁盘 I/O 等操作，会带来巨大的开销。

为充分利用集群的计算能力，分区数至少应当等于集群分配给应用程序的 CPU 数，但是分区过大的问题依然没有得到解决。如果你的数据集非常大，而集群又相当小，那么你的分区还是会过大。这种情形下，RDD 的分区数必须远高于可用的 CPU 核数。

另一方面，你还得考虑周全以防落入另一种极端：分区数过多。分区数过多将会生成许多需要发送到worker节点执行的小任务，这将增加任务调度的开销。不过，启动任务所带来的性能损失比数据溢写到硬盘的损失要小。如果有许多任务几乎瞬时完成，或者这些任务根本没有执行任何读/写操作，这就表明你的并行度太高了。

对于RDD来说，很难计算出一个最佳的分区数，因为这很大程度上取决于数据集的大小、分区器（paritioner）本身，以及每个任务可用的总内存。为估算出一个比较精确的分区数，你需要了解你的数据及其分布情况。不过，建议把每个RDD的分区数量设置为CPU数的2到4倍。

分区器

我们讨论了如何控制 RDD 的分区数量，但是数据在这些分区上是怎样分布的呢？为了让分区中的数据分散到集群上，Spark 使用分区器（paritioner），目前有两种内置的分区器：`HashParitioner` 和 `RangePartitioner`。

选择分区器的默认方式是，对这两个参数中的一个进行设置来决定使用何种分区器：

1. 当任何输入的RDD用到了某一分区器，输出的RDD也会用此分区器来分区。
2. 否则，在Pair RDD（键值对）情形下，默认使用 `HashPartitioner`。

`HashPartitioner` 基于键（key）的哈希码（hash code）把值分布到各个分区上。通过计算键的哈希码与分区数的模，得到分区索引值，在计算中也需要考虑到哈希码的正负情况。

`RangePartitioner` 根据范围对可排序项进行分区。对RDD内容进行取样能决定大致的范围区间。最终的分区数可能小于配置的数。

不过，也不是非得使用这些分区器，你可以自己开发一个。如果你对使用场景的领域知识非常了解，会非常有帮助。假设你有一个Pair RDD，其中键是文件系统上文件的路径。如果使用 `HashPartitioner`，`foler1/firstFileName.txt` 与 `folder1/secondFileName.png` 可能结束于不同节点的不同分区。如果你想把同一文件夹的所有文件放在同一分区内，可以编写自己的分区器，基于父文件夹来分发文件。

编写自定义分区器其实非常简单，只需要对分区器的 `org.apache.spark.Partitioner` 进行扩展，并实现下面的方法即可。

- `getPartition(key: Any): Int`——为特定的键提供分区 ID。
- `numPartitions: Int`——指定分区器创建的分区数。
- `equals and hashcode`——用来将你的分区器同其他分区器进行比较的方法。

一旦实现了自定义分区器，使用起来会非常简单。既可以把它传递给 `partitionBy` 函数，也可以传递给基于 shuffle 的函数。

```
pairRdd.partitionBy(new MyPartitioner(3))
firstPairRdd.join(secondPairRdd, new MyParitioner(3))
```

有一些操作，譬如 map 函数，也会影响分区。在 map 操作中，可以改变一个 Pair RDD 中的键，这样分区就会发生变化。这种情形下，生成的 RDD 将没有分区器集。不过，你可以从两种方式中（`mapValues` 及 `flatMapValues`）选择一种，对 Pair RDD 中的值进行 map 处理以保留分区器。

shuffle 数据

当以分布式方式处理数据时，常常要执行 map 及 reduce 转换。由于 reduce 阶段存在数据 shuffle 过程，这种转换对性能的影响非常大。因为大量的数据必须从一个节点传送到另外的节点，给集群中的 CPU、磁盘、内存造成压力，同样也会给网络容量带来压力，因此应当重视 shuffle 操作。

shuffle 过程严重影响性能是因为它涉及数据排序、重分区、网络传输时的序列化与反序列化，为了减少 I/O 带宽及磁盘 I/O 操作，还要对数据进行压缩。

为了理解 shuffle stage 的重要性，下面讲述此过程所执行的操作。

在 Spark 中，每个 map 任务（M）将其输出写入到磁盘上的 shuffle 文件中，每个 reducer（R）对应一个文件。由于你可能有许多 mapper 及 reducer，因此 shuffle 文件数（M * R）将会非常大（见图 3-2）。这是性能损失的主要原因。不过如同在 Hadoop 中一样，可以将 `spark.shuffle.compress` 参数设置为 `true` 来压缩输出文件。用于压缩的库也能通过 `Spark.io.compression.codec` 属性进行配置。尽管 Spark 1.5.2 默认使用 Snappy 压缩，但是也可以在 lz4、lzf 及 Snappy 中自由选择。采用压缩是一种折中方案，减少了磁盘 I/O 但增加了内存的使用。压缩 mapper 的输出文件可能会带来内存压力，当然这也取决于你选择的压缩库。

在 reduce 阶段你同样面临内存问题，因为对于一个 reducer 任务而言，被 shuffle 的所有数据都必须放到内存中。如果内存中放不下，将报出 out-of-memory 异常，整个 job 就会失败。这就是为什么 reducer 的数量如此重要的原因。reducer 增加时，就应该减少每个 reducer 对应的数据。

在 Hadoop 中，map 与 reduce 阶段存在交叠，mapper 把输出数据推送到 reducer，而在 Spark 中，只有 map 阶段结束后，reduce 阶段才会启动。reducer 将拉取 shuffle 后的数据。用于获取 mapper 输出的网络缓冲的大小是通过 `spark.reducer.maxSizeInFlight` 参数进行控制的。

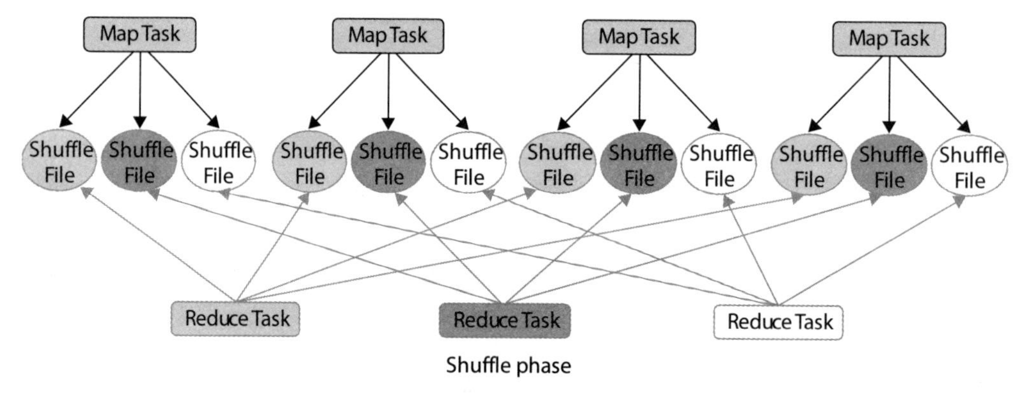

图 3-2　shuffle 阶段

正如在本章前面提过的，map 阶段输出大量 shuffle 文件（mapper 数与 reducer 数的乘积），将给操作系统带来很大压力。在 Spark 中，可以引入中间的 merge 阶段输出少一点但大一些的文件。这个阶段叫作 shuffle 文件合并（shuffle file consolidation）。map 阶段为每个分区输出一个 shuffle 文件。shuffle 文件数是每个核的 reducer 数，而不是每个 mapper 的 reducer 数。所有运行在相同 CPU 核上的 map 任务都将输出相同的 shuffle 文件，每个 reducer 都有一个文件（见图 3-3）。要启用 shuffle 文件合并，必须把 `spark.shuffle.consolidateFiles` 设置为 `true`。

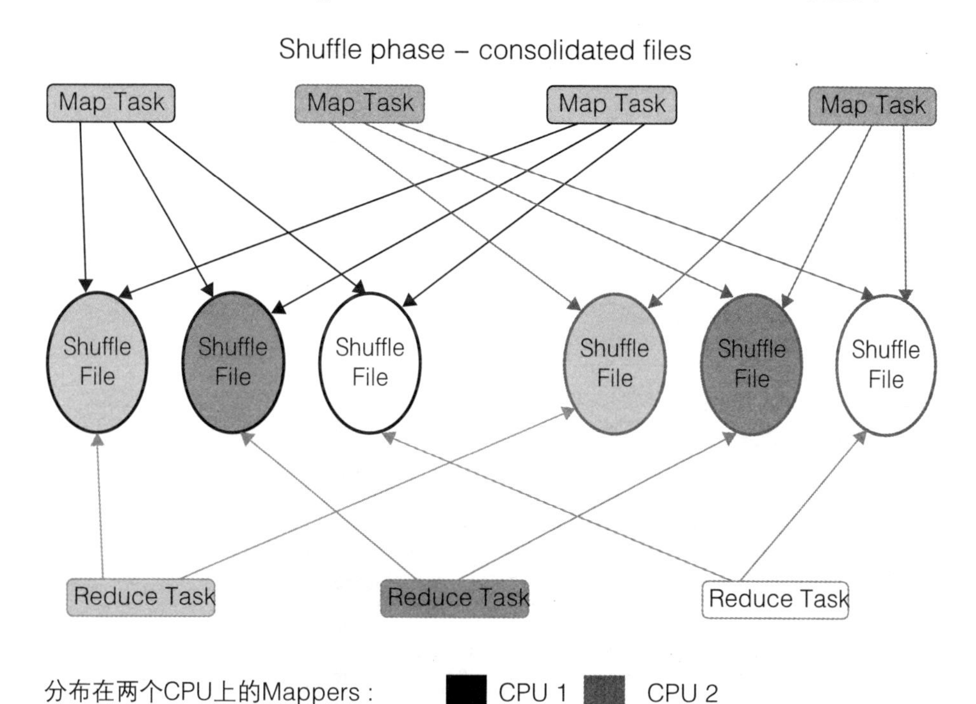

图 3-3 shuffle 文件合并阶段

shuffle 与数据分区

许多转换（transformation）操作需要在集群中 shuffle 数据，包括 `join`、`reduceByKey`、`groupByKey`、`cogroup` 等。所有这些操作都很消耗性能，因为它们可能需要对整个数据集进行 shuffle、排序及重新分区。但是有一个“小技巧”可以提高性能，即预分区（pre-partition）。所有这些转换都取决于数据在集群上分布方式，能从数据分区上获得很大的性能收益。

如果RDD已分区，就能避免数据shuffle。举一个在单个RDD上用`reduceByKey`进行转换的例子：

```
xRdd.reduceByKey(_+_)
```

在本例中，如果 xRdd 不能被分区，为了对特定键上的值应用 sum 函数，xRdd 中的所有数据都必须进行 shuffle，而且必须按键排序。如果 xRdd 已分区，那么特定键上的所有值就会在同一个分区内，因此能在本机进行处理。这种方式就不需要通过网络做数据 shuffle 了（见图 3-4）。

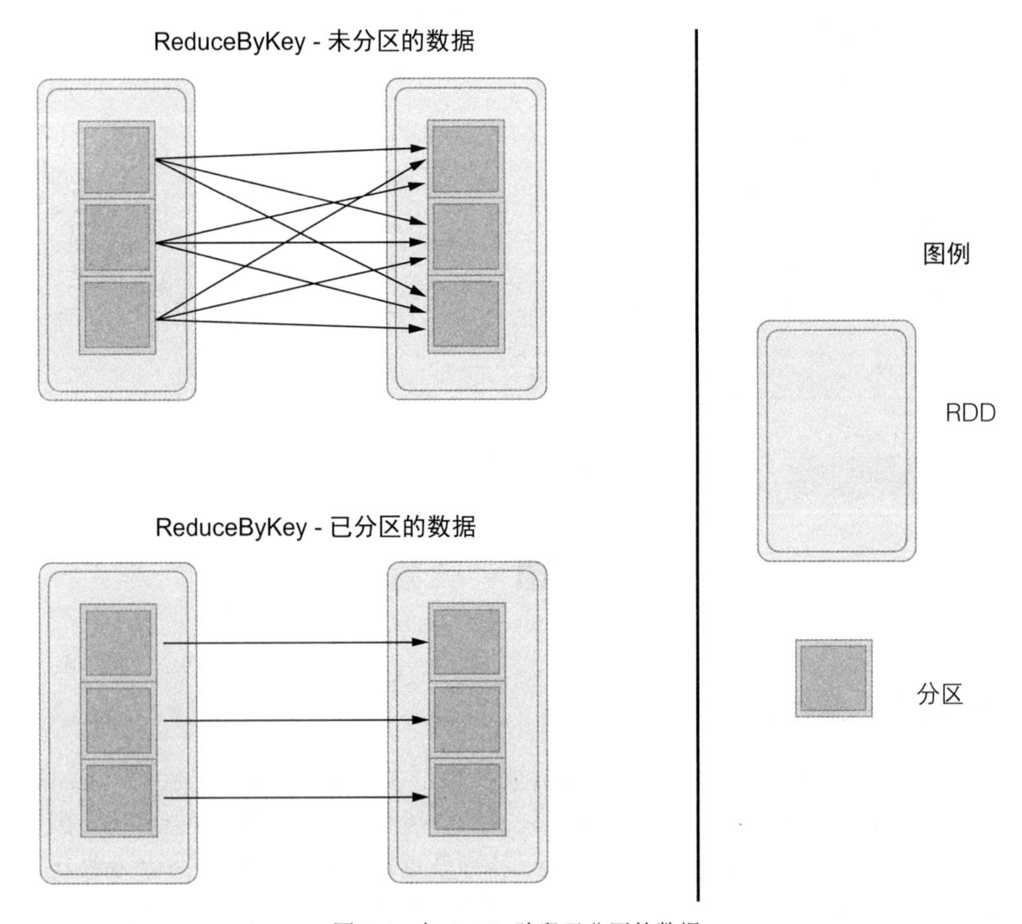

图 3-4　在 shuffle 阶段已分区的数据

对于涉及两个或更多 RDD 的转换操作，数据分区更为重要。需要 join 操作的 RDD 越多，要处理的数据就越多，这些数据就是 shuffle 的重要内容。可以考虑下面的例子：

```
val partitionRdd = pairRdd.partitionBy(new HashPartitioner(3))
val joinedRdd = partitionedRdd.join(otherRdd)
```

上面的代码将一个分区 RDD 与另一个未分区 RDD join 起来。在本例中，已分区 RDD 将分区器传给生成的 RDD。这个 RDD 将在每个 worker 中进行本机处理，只有那个未分区 RDD 需要排序，并装载到合适的节点（见图 3-5）。

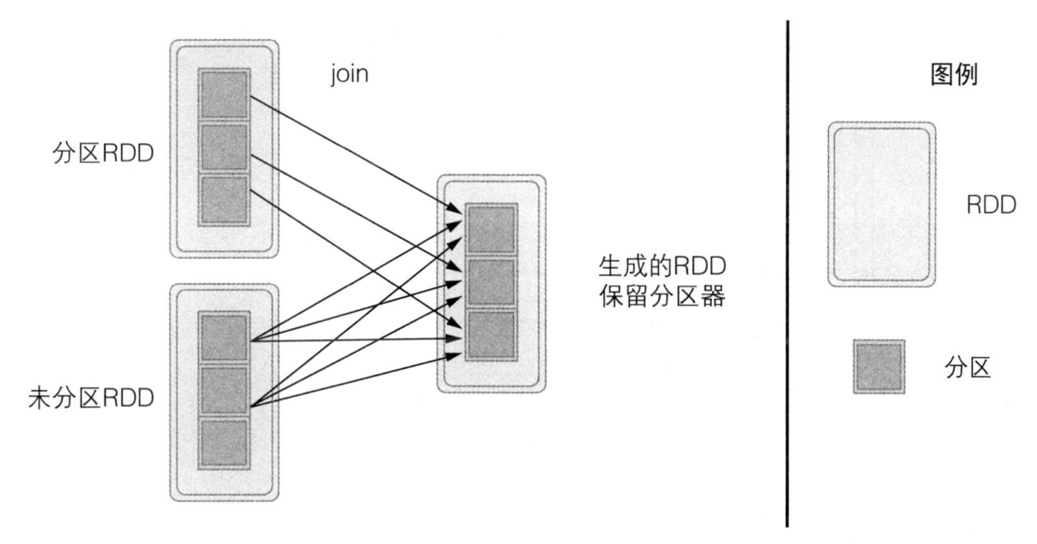

图 3-5 join 一个分区 RDD 和一个未分区 RDD

为进一步改善 join 转换的性能，你可以用相同的分区器对两个 RDD 进行分区。这种情形下，它们不需要通过网络进行 shuffle。示例如下：

```
val partitionedrdd = parRdd.partitionBy(new HashPartitioner(3))
val otherRdd = partitionRdd.mapValues(value => value + 1)
val joinedRdd = partitionedRdd.join(otherRdd)
```

在上面的代码中，mapValues 方法保持与父 RDD 相同的分区器及分区数。因为被 join 的两个 RDD 在相同节点有相同的结构，所以数据能在每个 worker 中进行本机处理（见图 3-6）。

我们总结一下到目前为止讲过的内容。因为 shuffle 操作很消耗性能，当编写 Spark 应用时，应当减少 shuffle 的次数及在集群中传输数据。由于避免了跨节点传输数据所引起的 CPU、磁盘与网络 I/O 压力，分区得当的 RDD 能有效提升应用的性能。

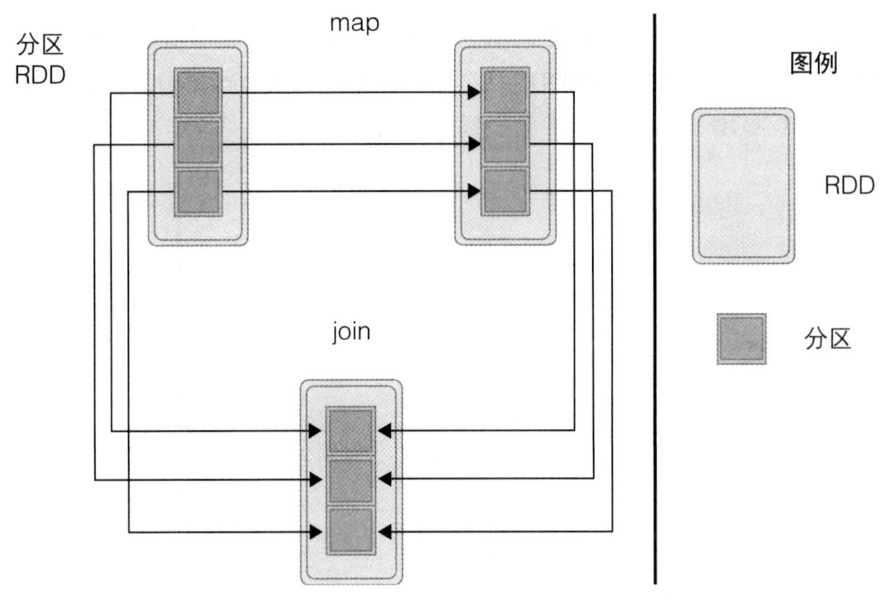

图 3-6　join 两个分区的 RDD

算子与 shuffle

除了数据分区，还有一种避免让大量数据分布到集群各个 worker 节点的方法，就是在正确的时机选择正确的算子（operator）。这是许多经验不足的 Spark 用户经常要面对的问题。我们倾向于用转换来完成我们的 job，无须考虑它们背后触发的操作。这也是 Spark 用户时常会犯的影响 Spark 应用性能的错误之一。

下面回顾一些常见的性能陷阱。我们将讨论在特定情况下，何时不应当用转换，以及何时才是利用转换的正确时机。这部分内容不是仅提供几个固定模式，而是要告诉你代码会触发哪些 action，以便在为 RDD 选择转换操作时，做出明智的决策。

groupByKey vs reduceBykey

在一些情形下，需要在特定键的所有值上应用一些函数，我们有两个选项：reduceByKey 及 groupByKey。那么，对于这两个算子如何进行选择呢?

以经典的单词计数为例。现在有一个包含单词列表的 RDD，我们想计算每个单词出现的次数。上述的两个算子都能解决这个问题。下面我们仔细解读每个解决方案，来理解它们的原理。

考虑下面的 RDD，它由包含一个单词和数字“1”的元组构成：

```
val words = Array ("one", "two", "one", "one", "one", "two", "two",
"one", "one", "two", "two")
val wordsPairRdd = sc.parallelize(words).map(w => (w, 1))
```

首先，用 groupByKey 统计每个单词出现的次数。

```
wordsPairRdd.groupByKey().map(t => (t._1, t._2.sum))
```

在这种情形下，特定键（key）的所有值必须在一个任务中进行处理。为达到这个目的，整个数据集被 shuffle，特定键的所有单词对被发送到一个节点。

除了数据 shuffle 的时间消耗，你还可能要面对一个问题：如果处理的是一个大数据集，一个键有很多值，那么一个任务就可能会耗尽所有内存，此时 job 会因 out-of-memory 异常而失败。

第二种解决单词计数问题的方式是使用 reduceByKey：

```
wordsPairRdd.reduceByKey(_ + _)
```

这次传递给 reduceByKey 算子的函数被应用到单台机器上一个键的全部值，处理后得到的中间结果随后会在集群中发送（见图 3-7）。

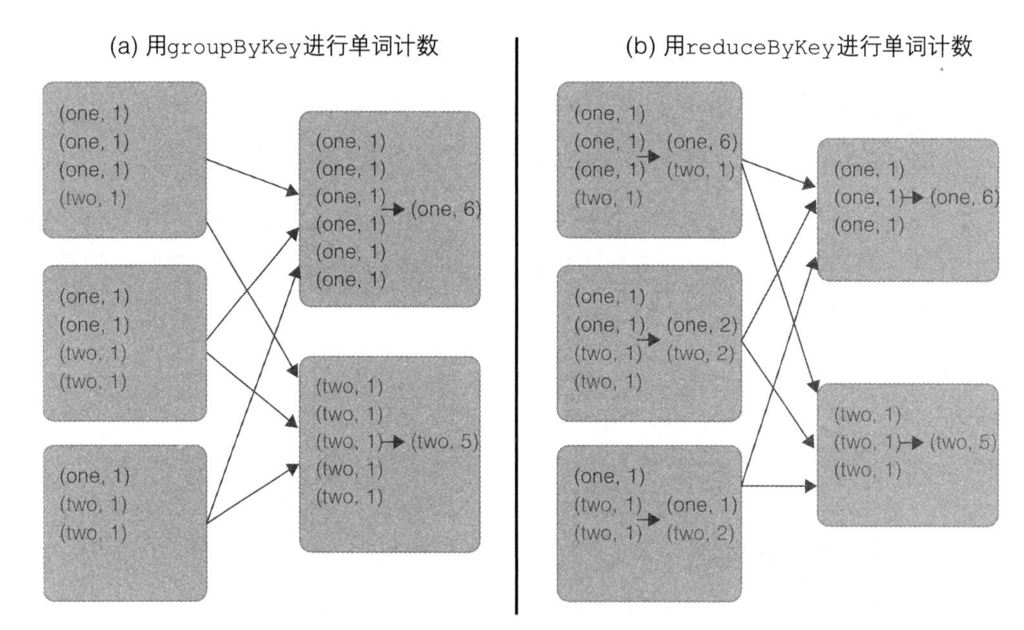

图 3-7　reduceByKey 和 groupByKey 的对比

通过使用 reduceByKey 代替 groupByKey 来解决聚合问题，我们显著减少了需要压缩及 shuffle 的数据，因此获得了极大的性能提升。这个例子说明了对关联性和 reductive 操作应当避免使用 groupByKey。

repartition vs coalesce

前面已经讨论了分区对 Spark 应用执行时间的巨大影响。例如，我们常常遇到需要改变 RDD 分区数来改变并行度的情形。两种 Spark 算子可以帮助实现这个目的：repartition（重分区）及 coalesce。然而，理解在什么情况下该使用哪个，这一点很重要。

重分区算子会随机 reshuffle 数据，并将其分发到许多分区中，它们可能比 RDD 原始的分区数多，也可能比这些分区数少。你也可以用 coalesce 算子来得到同样的结果，但是减少 RDD 的分区数能避免 shuffle。为了获得想要的分区数，同一台机器上的分区将被合并（见图 3-8）。

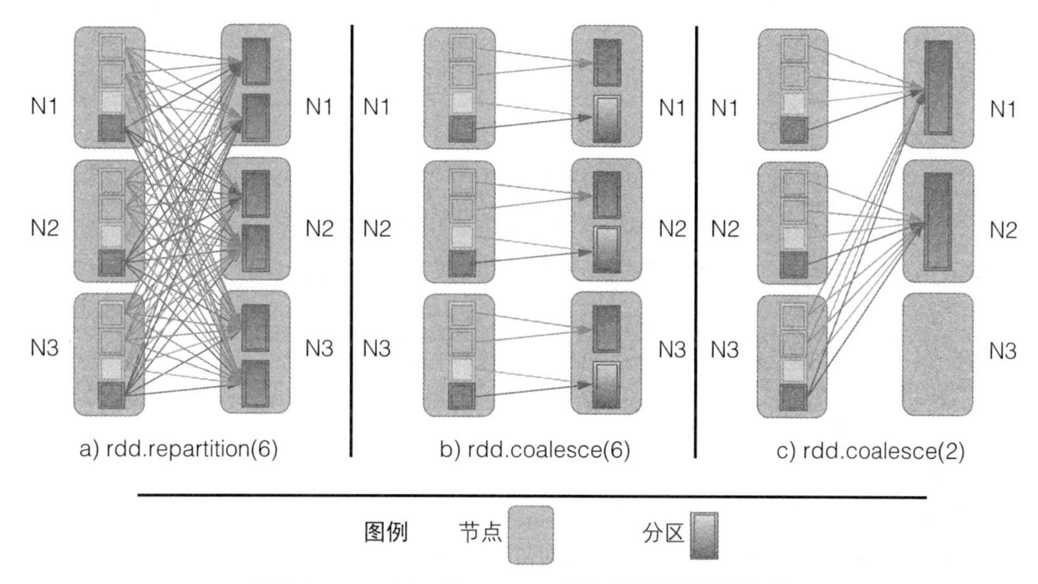

图 3-8　repartition 和 coalesce 是如何改变分区数量的

要知道在 coalesce 上并不是总能避免 shuffle 的。如果大幅减少分区数，将它设置成比节点数还少，那么剩余节点上的数据将被送到包含这些分区的其他节点上（见图 3-8）。在减少分区数时，由于仅对一部分数据而不是对整个数据集进行 shuffle，因而 coalesce 比 repartition 执行的效果更好。

reduceByKey vs aggregateByKey

设想你有一系列元组（tuple），以用户 ID 为键，以用户在某一时间点访问的网站为值：

```
val userAccesses = sc.parallelize(Array(("u1", "site1"),
("u1", "site2"), ("u1", "site1"), ("u2", "site3"), ("u2", "site4"),
("u1", site1")))
```

我们要对这个列表进行处理，获得某个用户访问过且去重后的所有站点。有许多种方法可以达到这个目的。一种可能的方案是使用 `groupByKey` 及 distinct。但是如前面讨论过的，`groupByKey` 算子将通过集群 shuffle 所有数据，因此我们需要用别的更好的方法来解决这个问题。有两种可选方案：`reduceByKey` 与

aggregateByKey。如果用 reduceByKey 来解这个问题，可以编写如下代码：

```
val mapedUserAccess = userAccesses。map(userSite => (userSite._1,
Set(userSite._2)))
val distinctSites = mapedUserAccess.reduceByKey(_ ++ _)
```

上面的代码中我们注意到的第一个问题是，RDD 的每个值都将创建一个 set。如果处理的是一个巨大的 RDD，这些对象将大量吞噬内存，并且对垃圾回收造成压力。

如果使用 aggregateBy 将会如何呢？让我们看下面的代码：

```
val zeroValue = collection.mutable.set[String]()
val aggredated = userAccesses.aggregateByKey (zeroValue)((set,v) =>
set += v, (setOne, setTwo) => setOne ++= setTwo)
```

如果收集（collect）两种方案的结果，你将获得：

```
Array((ul, Set(site2, site1)), (u2, Set(site3, site4)))
```

为了避免 reduceByKey 方案中的内存分配问题，可以使用 aggregateByKey。这种算子使用起来稍显麻烦，但是一旦理解了它，就会发现使用起来很简单。

你必须为这个函数提供以下 3 个参数。

1. 零值（zero）

也即要聚合的初始值。在这个例子中，我们选择一个空的可修改的 set 来收集去重后的值，同时又不影响被聚合的总值，所以它保持中性。

2. 函数 f: (U, V)

把值 V 合并到数据结构 U，该函数在分区内合并值时被调用。

3. 函数 g: (U, U)

合并两个数据结构 U。在分区间合并值时调用此函数。

作为总结，我们对比一下两种解决方案。因为避免了创建大量的对象，同时省略了额外的 map 转换步骤，所以 aggregateByKey 更高效。为了在输入 RDD 上根据键进行 reduce 操作，首先需要把各个元素 map 成仅包含对应元素的 set，对于大数据集来说这是十分耗时的操作。至少在需要改变值的类型时，要使用 `aggregateByKey`。至于 shuffle 的开销，由于 `reduceByKey` 与 `aggregateByKey` 都是在每台机器本地进行计算，然后将中间结果通过集群 shuffle，因此两个方案的表现都还不错。

shuffle 并不总是坏事

在前面几节，我们介绍了要避免 shuffle 的原因。通常来说，避免 shuffle 是正确的做法。但是它也并不总是坏事。首先，由于它是 Spark 在集群里重新组织数据的一种方式，因而是必不可少的。

有时，shuffle 带来的好处大于它的开销。在本章一开始，我们讨论过如何通过增加并行度来提高性能。为增加或减少 Spark 应用的并行度，我们有时需要对 RDD 重新进行分区。在多数情况下，重分区需要对集群数据 shuffle。因此，虽然在本例中的 shuffle 处理付出了一定代价，但是我们从合理的并行度获益更多。

shuffle 的另一个重要好处是，它有时能节省应用执行的时间。在本章前面的聚合例子中，我们发现了一个潜在的风险：当你的数据是按大量的分区来组织时，如果要合并所有结果，可能会在 driver 上遇到瓶颈。为减轻 driver 的负载，你可以在调用聚合算子时指定最终 RDD 的分区数。在发送 driver 上的部分结果前，我们通过这种方式强制执行了一个分布式聚合：

```
reduceByKey(_ ++ _, 100)
```

序列化

因为 Spark 是一个分布式系统，它常常需要在网络、集群中传输数据，在内存中缓存数据，或者把它们溢写到硬盘。因此，Spark 对代表数据的对象进行序列化的方式，以及为减少数据大小而采用的压缩算法，对性能的影响非常大。

在 Spark 中，数据记录有两种形式：要么是序列化的二进制，要么是反序列化的 Java 对象表示。通常，Spark 在内存中处理数据时用反序列化的表示，当它在节点之间传送数据或者将数据写入磁盘时用序列化形式。

Spark 用来以二进制格式保存对象状态的序列化器是可插拔的。默认情况下我们使用标准的 Java 序列化，但是你也可以使用 Kryo 序列化来配置应用程序。选择的序列化器是否正确，对于分布式应用的性能有非常大的影响，因为如果序列化对象比较耗时或者消耗大量字节，处理过程可能会变慢很多。

默认的 Java 序列化器能够序列化所有实现 Serializable 接口的对象。这个方法比较慢，而且许多类的对象最后会被序列化为较大的格式。但是，你能通过实现 `Externalizable` 接口更好地控制你的序列化性能，并且实现 `writeExternal` 及 `readExternal` 方法来自己保存及还原对象状态。

Spark 支持的第二种序列化器是第三方序列化库。Kyro 显著提升了 Java 序列化器的速度，输出对象的更紧凑的二进制表示。但是这个序列化器并不支持所有实现了 Serializable 接口的类。

将一个对象转换为二进制表示时，Kyro 首先必须写点能识别对象类的内容。因此，当序列化每条记录时，完整的类名在该记录的前面已被写入。如果你有许多条记录，这就会带来一个问题，因为数据将会消耗更多空间与时间。为改善性能，需要在这个序列化器中注册你的自定义类。这就意味着你需要提前知道哪个类的对象将被序列化。了解了这些，Kryo 就能把每个类映射为一个整数 ID，并在每条记录前面写入这个 ID。写一个 `int` 值比写完整类名更加高效。

可以把 `spark.kryo.registrationRequired` 属性设置为 `true`，来确保总能利用到这类改进所带来的优势，但是所有需要序列化的类都必须注册。如果你试图序列化一个未注册类，将会接收到一个错误消息。

要把默认的 Java 序列化器改为 Kryo，需要设置下面的属性：

```
val configuration = new SparkConf()
configuration.set("spark.serializer", "org.apache.spark.serializer.
KryoSerializer")
```

通过这个属性设置的序列化器不仅将在 shuffle 阶段使用，在往磁盘里写记录时也会用到。我们强烈推荐使用 Kryo，尤其是对网络带宽要求高的应用，因为它更加高效而且可以提升性能。Spark 默认使用 Java 序列化器的唯一原因是，为了省去注册所有自定义类的开销。你可以写代码注册自定义类：

```
configuration.registerKryoClasses(Array(classof[CustomClassOne],
        classOf[CustomrClassTwo]))
```

或者在 spark-defaults.conf 文件中进行设置：

```
spark.kryo.classesToRegister=org.x.CustomClassOne,org.x.CustomClassTwo
```

Kryo 注册器

需要明确的是，在反序列化时注册类必须保持与它们序列化时相同的 ID。当 Kryo 注册类时，它会给这些类分配下一个可用的整数。这意味着你在反序列化时必须指定与注册类相同顺序的 ID。

对于这个潜在的问题有一种变通方式：在 Spark 中，可以自己写一个注册器，并且把它设置为 spark.kryo.registrator 来改变在 Kryo 中注册类的默认行为。你自定义的注册器必须扩展 KroRegistrator，而且还要实现 registerClasses (kryo Kryo)方法。在这个方法中，可以明确地指定类 ID，用于注册不重要的类时确定其顺序：

```
kryo.register(classOf[CustomClassOne], 0)
kryo.register(classOf[CustomClassTwo], 1)
kryo.register(classOf[CustomClassThree], 2)
```

你也可以添加自己定制的注册器，来改变类的默认序列化器。

```
Kryo.register(classOf[CustomClassOne],  new CustomSerializerOne())
kryo.register(classOf[CustomClassTwo, new CustomSerializerTow())
```

Spark 缓存

Spark 支持在内存中缓存中间结果。当缓存一个 RDD 时，Spark 分区将被保存到对它们进行计算的节点内存中或者磁盘上（取决于请求方式）。对于在此数据集上或者由其产生的其他数据集后续的 action 操作，Spark 将不会再重复计算；相反，Spark 将从持久化分区中返回数据，以便后续的 action 可以更快速地被处理。

为了持久化 RDD，可以调用其 `cache()` 或 `persist()` 方法。在首次进行 action 操作时，该 RDD 会被缓存。因此在下面的例子中，仅有 collect 操作会从前期计算得到的值获益：

```
myRdd.cache()
myRdd.count()
myRdd.collect()
```

我们前面提到 `persist()` 和 `cache()` 两个方法可以使 Spark 在计算 RDD 后将其临时保存。默认情况下，它们都把经过计算的 RDD 存储到内存中。二者之间的区别是 `persist` 提供一个用于指定存储级别的 API，便于在特定场景下改变其默认行为。下面介绍几种持久化 RDD 的方法。

- **仅存于内存**——当使用这种类型的存储级别时，Spark 将 RDD 作为未序列化的 Java 对象存储于内存中。如果 Spark 经估算发现不是所有的分区都放得进内存，它就不会存储所有分区。如果在后面的处理过程中需要用到这些分区，则会根据 RDD 血统（lineage）重新计算它们。
  - 如果需频繁对某个 RDD 执行操作或者需要进行低延迟访问，使用这种级别的存储是有用的。
  - 然而，它也有一些缺点，即相对于其他存储级别，所使用的内存数量会更大；同时，如果你缓存的是大量的小对象，那么最终可能会给垃圾收集器带来压力。
  - 要用这个存储级别来缓存 RDD，可以使用下列方法：

  ```
  myRdd.cache()
  myRdd.persist()
  myRdd.persist(StorageLevel.MEMORY_ONLY)
  ```

- **序列化形式仅存内存**——此时 RDD 也仅存储于内存，但它们是以 Java 序列化对象的形式保存的。这种方式在空间利用上更高效，因为数据将更加紧凑，因此能缓存更多。这种存储级别的缺点是它占用更多 CPU，因为对象在每次读/写时都会做序列化与反序列化。序列化的 Java 对象按分区存为字节数组（byte array）。当缓存 RDD 时，所选择的序列化器很重要。

- 像“仅存于内存（memory only）”存储级别一样，如果有分区放不进内存，就会被丢弃，并且每一次该 RDD 被使用时，都重新计算分区。
- 只需使用以下方法，你就可以在内存中缓存序列化的 RDD：

```
myRdd.persist(StorageLevel.MEMORY_ONLY_SER)
```

- **存于内存与磁盘**——这种存储级别与“仅存于内存”相似，即 Spark 将尝试在内存中将整个 RDD 缓存为未序列化的 Java 对象，但是此时如果有分区无法完全放进内存，它们将被溢写到磁盘。如果后续在其他操作中需要使用这些分区，它们将不需要重新计算而是直接从磁盘读取。这个存储级别依然要大量使用内存，除此之外，它对 CPU 和磁盘 I/O 也会产生负担。你需要考虑的是对应用来说，哪种方式代价更高：是将内存容纳不下的分区写到硬盘，在需要时再读取，还是每次使用它们时再重新计算？
  - 下面的代码将 RDD 缓存于内存与磁盘：

```
myRdd.persist(StorageLevel.MEMORY_AND_DISK)
```

- **序列化形式存于内存与磁盘**——此存储级别与上面的相似，不同之处仅仅在于数据是以序列化形式存于内存的。这样的话，RDD 中更多的分区将能放进内存，因为它们更加紧凑，写入磁盘时占用的空间也会更少。此选项与“存于内存与磁盘”相比，需要更多 CPU。
  - 下面的方法在内存和磁盘中把 RDD 缓存为序列化对象：

```
myRdd.persist(StorageLevel.MEMORY_AND_DISK_SER)
```

- **仅存于磁盘**——使用此选项将避免内存消耗。因为数据做了序列化，因此占用的空间也很少。因为整个数据集必须序列化、反序列化、从磁盘读/写，所以 CPU 负载较高，同时也给磁盘 I/O 带来了压力。代码示例如下：

```
myRdd.persist(StorageLevel.DISK_ONLY)
```

- **缓存在两个节点上**——上面所有的存储级别都能应用到集群的两个节点上。RDD 的每个分区将被复制到两个 worker 节点的内存或硬盘。API 的用法如下：

```
myRdd.persist(StorageLevel.MEMORY_ONLY_2)
myRdd.persist(StorageLevel.MEMORY_ONY_SER_2)
myRdd.persist(StorageLevel.MEMORY_AND_DISK_2)
myRdd.persist(StorageLevel.MEMROY_AND_DISK_SER_2)
myRdd.persist(StorageLevel.DISK_ONLY_2)
```

- **堆外存储**——在这种情形下，序列化的 RDD 将保存在 Tachyon 的堆外存储上。这个选项有很多好处。最重要的一个好处是可以在 executor 及其他应用之间共享一个内存池，减少垃圾回收带来的消耗。采用堆外持久化技术，能避免在 executor 崩溃时丢失内存内缓存数据的问题。

```
myRdd.persist(StorageLevel.OFF_HEAP)
```

如果你的 Spark 应用企图在内存中持久化超过其承受能力的数据，最近最久未被使用的那个分区将从内存中被清除。然而 Spark cache 是容错的，它将重新计算丢失的所有分区，你就不需要担心应用会崩溃的问题。但是，需要特别留意你缓存了什么数据以及缓存了多少。当你为了提升应用性能而缓存数据集（dataset）时，最终可能会增加执行时间。换句话说，如果缓存了过多不必要的数据，有用的分区可能会从缓存中被清除出来，在后续执行 action 时就不得不重新计算分区。

如果你的应用是用 Python 写的，不管你是否选择了序列化存储级别，RDD 总是序列化的。

一旦 RDD 被缓存，就能在 Spark UI 的“Storage”标签页上看到这个信息。你也可以看到存储级别、缓存的分区数、缓存占比，以及每个存储层缓存的 RDD 的大小（见图 3-9）。

Storage

RDDs

RDD Name	Storage Level	Cached Partitions	Fraction Cached	Size in Memory	Size in ExternalBlockStore	Size on Disk
ParallelCollectionRDD	Memory Deserialized 1x Replicated	4	100%	160.0 B	0.0 B	0.0 B

图 3-9 RDD 缓存信息

在 Spark Streaming 中，Receiver 收集的数据存储在内存中，默认使用 MEMORY_AND_DISK_SER_2 存储级别。如果持久化一个流式计算生成的 RDD，默认的存储级别将是 MEMORY_ONLY_SER，而不是 Spark core 中的

MEMORY_ONLY。如果你的流式应用不需要保存大量数据，可以考虑放弃序列化，以避免消耗 CPU 资源。

要从缓存中移除 RDD，你要么等着它以最近最久未使用（LRU）方式被清除，或者如果你确定不会再使用，可以调用 RDD 的 unpersist 方法。

```
myRdd.unpersist()
```

在 Spark Streaming 中，DStream 转换生成的 RDD 也是自动从内存中清除的，但是这个行为稍有不同。Spark Streaming 按窗口间隔（window interval）保持内存中的数据。比窗口间隔更久远的数据将从内存中移除。你可以通过设置 DStream 对 RDD 的最短持续时间来改变这种行为：

```
streamingContext.remember(duration)
```

为了选择正确的持久化级别，你必须对数据及硬件有深入的了解，清楚地知道自己打算如何使用它们。决定存储级别实际上是决定如何使用内存与 CPU。需要特别注意，不要无目的地使用缓存。要让增加内存压力及磁盘 I/O 负载比起重新计算的开销，性价比更高。如果对你的应用来说，存储空间比 CPU 更重要，则应当考虑压缩这些序列化对象。可以通过设置 spark.rdd.compress 属性为 true 来启用压缩。

SparkSQL 缓存

就像缓存常用的 RDD 一样，也可以对已知将要多次查询的表进行缓存。SparkSQL 缓存机制的不同之处在于，那些表是以列式存储在内存中的。这是一个重要的特性，因为在做查询时，它不需要对整个数据集进行全部扫描，仅对需要的列进行扫描，所以性能有很大的提升。

如果你的数据是以列式存储的，SparkSQL 就能按列自动选择最优的压缩编解码器，对它调优以减少内存使用及垃圾回收压力。

下面的几个例子展示了如何缓存一张表：

```
dataFrame.cache()
```

```
sparkSqlContext.cacheTable("myTableName")
sparkSqlContext.sql("cache table myTableName")
```

Spark 缓存与 SparkSQL 缓存的另一个区别是，当标记一个要缓存的 RDD 时，实际上在执行 action 时它才被持久化。这很容易理解：必须计算这个 RDD 才能缓存它。另一方面，在 SparkSQL 中缓存表十分容易，在请求时表即被缓存。这是默认选项，但是可以修改它：

```
sparkSqlContext.sql("cache lazy table myTableName")
```

为释放内存，需要手动从缓存中删除表：

```
dataFrame.unpersist()
sparkSqlContext.uncacheTable("myTableName")
sparkSqlContext.sql("uncache table myTableName")
```

内存管理

Spark 所需的主要资源是 CPU 和内存。我们已经见识了 CPU 是如何与分区一起影响应用的并行度的。现在，重点看看内存的使用以及通过内存调优提升性能的方式。下一步，将描述 Spark 使用集群内存的。

在 shuffle 阶段，Spark 将 aggregation 及 co-group 操作的中间结果保留在内存中。只有当 `spark.shuffle.spill` 属性被设为 `true` 时，进行 shuffle 操作时所用的内存 map（in-memory map）的内存数才会受 `spark.shuffle.memoryFraction` 属性的限制。如果数据超过了这个限制，将会溢写到磁盘。每个 reducer 创建一个缓冲区，它从其中取出每个 map 任务输出的数据。这个缓冲区在内存中，而且每个 reducer 的缓冲区大小是固定的，因此除非你有很多内存，否则应当让缓冲区尽量小。缓冲区的大小能通过 `spark.reducer.maxSizeInFlight` 参数指定。

当缓存 RDD 时，Spark 也充分利用内存。用于持久化数据集的内存受整个 Java 堆的比例的限制，该限制由 `spark.storage.memoryFraction` 来设置。

当然在执行用户代码时，Spark 也使用内存，它可能要为巨大的对象分配内存。用户代码将占用持久化及 shuffle 分配后剩余的内存。

如果没有明确说明，默认情况下，Spark将从Java堆中分配60%用于持久化，20%用于shuffle，剩余的20%用于执行用户代码。如果认为它们满足不了你的使用场景，可以调整这些百分比。

因为Spark存储大量内存数据，所以它非常依赖于Java内存管理及垃圾回收。了解怎样恰当地调优GC，可以改善性能。

在讨论垃圾回收怎样影响Spark应用的效率之前，首先应当回顾一下Java的垃圾回收机制。

垃圾回收

基于对象生命周期的长短，它们被存储在Java堆空间的新生代（Young generation）及老年代（Old generation）中。短时对象（short-lived object）保存在新生代，而长时对象（long-lived object）保存在老年代。新生代又分为三部分：Eden区及两个Survivor区。

当对象刚被创建时，将被写入Eden区。当Eden区填满后，会触发一次Minor GC。在这个阶段，Eden及SurvivorNo1区所有存活的对象将被移至SurvivorNo2区，然后两个Survivor区进行互换。当SurvivorNo2中的对象存活时间足够久或者SurvivorNo2已满时，对象就被移至老年代区。当老年代区的空间快填满时，会触发一次Full GC。这时也是应用的性能受到影响最大的时候：应用的线程终止，同时整理老年代区的对象。

要测试GC对应用的影响，可以修改SPARK_JAVA_OPTS环境变量或者在SparkConf中通过增加下列项来设置`spark.executor.extraJavaOptions`属性：

```
-verbose:gc -XX:+PrintGCDetails -XX:+PrintGCTimeStamps
```

详细的垃圾回收日志能在executor的日志中（在集群的每个worker上）看到。用这种方式可以追踪整个GC的活动。我们能分析什么时候以及为什么线程会暂停、最大及平均的CPU时长、清理结果等。

根据以上统计数据，我们能对 GC 进行调优。如果在日志中观察到，在任务完成之前 Full GC 被调用了多次，就说明没有足够的内存运行这些任务。如果在日志中观察到老年代区差不多已满，就说明用于缓存的内存可能有点多。对于这两种情况，我们都应当减少用于缓存的内存。

另一方面，我们可能会观察到有许多 Minor GC，而 Full GC 则不是很多。这种情形下，给 Eden 区分配更多内存或许能有所帮助。算上 Survivor 的专属内存，我们应当以 4/3 的比例来扩展内存空间。

GC 在 Spark Streaming 应用中扮演了很重要的角色，因为这些应用要求低延时，所以 GC 产生的较长时间的停顿是很讨厌的。在这种特别情形下，为了让 GC 停顿时间一直保持在低值，推荐在 driver 和 executor 上使用并发 mark-and-sweep（标记-清除算法）的 GC。

总结一下，如果发现应用的性能在下降，必须确保你高效地使用了堆内存作为缓存。如果留出更多的堆空间用于程序执行，垃圾回收将更加高效。另一方面，如果你分配了太多堆空间作为缓存，并且也没有仔细考虑怎样使用此空间（就是你过度消耗内存的地方），那么最后你可能在 GC 老年代区得到大量对象，导致巨大的性能损失。把不再需要的缓存 RDD 清理干净，可以显著地提升性能。

共享变量

Spark 有两种类型的共享变量：广播变量（broadcast variable）及累加器（accumulator）。它们用于两种常见的使用模式：前者用于在集群中分发任务共享的大数据，而后者用于从 worker 中将信息聚合回 driver。接下来的几页将详细介绍共享变量工作机制中的重要细节。

在此之前，必须先理解 Spark 怎样处理闭包（closure）。闭包就是一个有外部引用的函数：它依赖于在外部声明而作用域却在其内部的变量。在下面的例子中，我们定义了一个计算幂的闭包；power 是定义在声明的函数之外的变量。

```
val power = 2
```

```
val raiseToPower = (number : Double) => pow(number, power)
```

用分布式方式在集群中执行闭包时会怎样？首先Spark会计算闭包，将它序列化并拷贝到每个任务里。例如：

```
import scala.math._
val myRdd = sc.parallelize(Array(1, 2, 3, 4, 5, 6, 7))
val power = 2
myRdd.foreach(pow(_, power))
```

在本例中，声明在函数之外的power变量被传给foreach方法。这个值将随着任务被拷贝到序列化闭包里。

广播变量

接着前面的例子，设想这种情况：不使用简单变量存储数组元素的幂，而是使用一个大型字典将一个整数ID映射为一个句子。我们使用这个字典去查找整数数组中的每一个整数ID。示例如下：

```
val myRdd = sc.parallelize(Array(1, 2, 3, 4, 5, 6, 7))
val myDictionary = Map(1 ->   "sentence1", 2 -> "sentence2",...)
myRdd.foreach(value =>
    print(myDictionary.getOrElse(value, "Donesn't exists")))
```

前面的代码将这个字典序列化到封闭的闭包里并将其拷贝到每个任务。这意味着，假如RDD在集群的100个节点上分布着1000个分区，这个字典将被拷贝1000次，每个节点10次。如果字典很大，我们能想象它带来的性能开销有多大。

广播变量是针对这种性能问题的解决方案。广播变量是共享的只读变量，它们被拷贝到每个executor上并缓存到每个节点的内存中。在每台机器上，Spark仅拷贝一次这些变量，然后在任务间共享而非在每个任务中都拷贝。此时如果我们的RDD有1000分区并且分布在100个节点的集群上，这个字典将被拷贝100次而不是1000次。

下面的代码广播了这个字典，而不是在闭包中将其传送到所有任务上：

```
val myRdd = sc.parallelize(Array(1, 2, 3, 4, 5, 6, 7))
val myDictionary = Map(1 -> "sentence1", 2-> "sentence2", ...)
```

```
val broadcastedDict = sc.broadcast(myDictionary)
myRdd.foreach(value => print(broadcastedDict.value
          .getOrElse(value, "Doesn't exist")))
```

图 3-10 展现了依赖变量（depending variable）是如何被拷贝的，不管你是否广播它们。

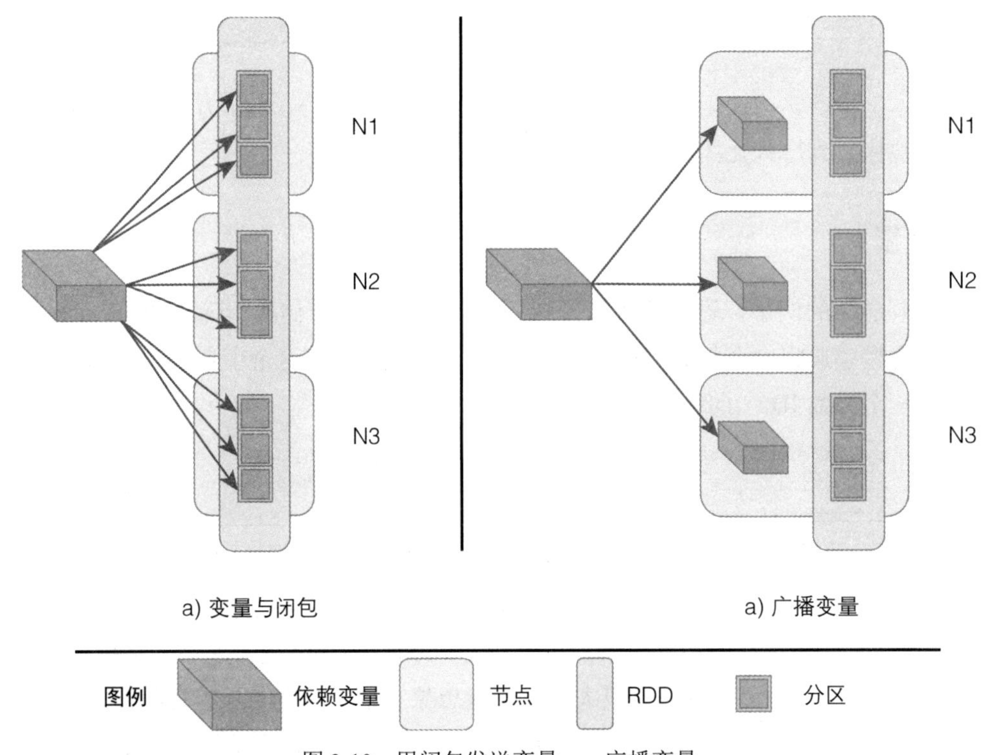

图 3-10 用闭包发送变量 vs 广播变量

为了实现一致性与容错性，广播变量是只读的。如果它们不是只读的，那么当一个节点上的变量改变时，该变量在其他机器上的所有副本也必须改变。为了避免这些问题，Spark 仅支持只读变量。

当请求广播一个变量时，Spark driver 将数据写在本地文件夹内，并且会把它写到由块 ID 标识的块管理器（block manager）内。当提交任务时，使用了这个广播变量的转换函数将与该广播变量的元信息一起被序列化，这个序列化信息将会扩散到集群上。

当这个任务在 executor 上结束时，它将被反序列化，还会尝试根据元信息读取该对象。首先，它会尝试从本地块管理器中读取此变量，看看缓存中是否已经有该对象的副本。如果在本地 executor 上未能发现副本，则从 driver 中拉取数据。

数据的拉取方式很重要，因为它会影响性能。针对数据的广播方式，Spark 提供了两种实现：HTTP 广播及 Torrent 广播。

使用 HTTP 广播时，数据从 driver 端运行的 HTTP 服务器中拉取。当 driver 把数据发送到集群的所有节点上时，可能会存在网络瓶颈。Torrent 广播避免了这种瓶颈。其背后的主要思想是，把数据分割成较小的数据块，一旦有 exectuor 拉取了一部分数据块，它就会成为一个种子器（seeder）。

你可以通过 `spark.broadcast.factory` 属性来设置使用哪种类型的广播。设置 `spark.broadcast.blobckSize`，可以把 Torrent 方式使用的块调整为想要的大小。选择这个值的时候需要小心，因为如果值太大，将减少并行度；如果值太小，会给块管理器带来压力。

```
val configuration = new SparkConf()
configuration.set("Spark.broadcast.factory",
"org.apache.Spark.broadcast.TorrentBroadcastFactory")
configuration.set("Spark.broadcast.blockSize", "4m")
```

总结一下，当有多个任务需要访问同一变量时，应当考虑广播变量。这将提升应用的性能。

累加器

累加器是另一种类型的共享变量，可以用它从 worker 节点聚合数值，然后返回给 driver。假设我们有一个数据集，我们想要计算达到一定条件的条目一共有多少个：

```
val myRdd = sc.parallelize(Array(1, 2, 3, 4, 5, 6, 7))
val evenNumbersCount = 0
val unevenNumbersCount = 0
myRdd.foreach(element =>
```

```
{if (element % 2 ==0) evenNumbersCount += 1
 else unevenNumbersCount += 1
})
```

在前面的例子中，evenNumbersCount 及 uneventNumbersCount 将在闭包内被序列化，发送给 executor 的各个任务中。这意味着每个任务会计算它们管理的分区所对应的奇数与偶数计数器，但是对所有任务的总计数并不会累加到一起。

通过累加器来解决这类问题，为我们提供了一种机制，能安全地更新所有 executor 之间共享的变量。它们的值在每个任务内并行计算，然后在 driver 端相加。这是为什么在 executor 上的操作必须具备关联性（associative）的原因。

为了利用累加器，你需要将前面的示例改成下面这样：

```
val myRdd = sc.parallelize(Array(1, 2, 3, 4, 5, 6, 7))
val evenNumbersCount = sc.accumulator(0, "Even numbers")
val unevenNumbersCount = sc.accumulator(0, "Uneven numbers")
myRdd.foreach(element =>
        {if (element % 2 == 0) evenNumbersCount += 1
        else unevenNumbersCount += 1
        })
println(s" Even numbers ${ evenNumbersCount.value }")
println(s" Uneven numbers ${ unevenNumbersCount.value }")
```

当我们创建累加器时，会提供初始值，还可以给它起一个名字。运行在集群上的任务能更新这个值，但是不能读取。只有 driver 能读累加器的值（evenNumbersCount.value）。

如果为累加器起了名字，我们就能在 Spark UI 中将其指认出来，帮助我们排查一些应用的问题（见图 3-11）。

Duration	GC Time	Accumulators	Errors
0 ms		Uneven numbers: 1	
1 ms		Uneven numbers: 1 Even numbers: 1	
1 ms		Uneven numbers: 1 Even numbers: 1	
1 ms		Uneven numbers: 1 Even numbers: 1	

图 3-11 Spark UI 里的累加器

如果你想自定义累加器的行为，可以自己实现一个累加器。你只需扩展 AccumulatorParam 类并实现两个方法：zero 方法，为累加的类型提供“零值”；addInPlace 方法，把两个值相加。

例如，如果你正在处理一些文件并希望统计处理出错的文件名，此时可以通过以下方式实现自己的累加器：

```
object ErrorFilesAccum extends AccumulatorParam[String] {
  def zero(initialValue: String): String = {
    initialValue
  }
  def addInPlace(s1: String, s2: String): String = {
      s1+", "+s2
  }
}
```

然后可以实例化并使用：

```
val errorFilesAccum = sc.accumulator("", "ErrorFiles")(ErrorFilesAccum)
```

你也能实现一个输入是某种类型但结果为其他类型的累加器。对于此类累加器，你需要实现更通用的 Accumulable 接口来定制累加器行为。

累加器在排查问题时非常有用。比如，统计成功与失败的操作的次数，或者统计某个操作被执行过多少次，与某个业务场景相关的问题出现过多少次。

关于累加器需要知道的一点是，应当仅在行动（action）而不是转换（transformation）中计算它们。这是因为Spark容错机制的缘故。Spark会因任务失败或太慢而自动重新执行任务。如果执行一个转换时一个节点宕机，此任务将在另一台机器上启动。当任务在节点上运行太长时间时，也会发生同样的事情。如果一些分区数据从缓存中被挤出来，但是做计算时又要用到它们，就会基于RDD血统（lineage）重新计算出这些分区。因此，这里我们想强调的是特定的函数可能会在数据集的同一分区上被执行多次，这取决于集群上是否发生了最终导致不可靠累加器值的一些事件。

一旦理解这种行为，就知道如果希望不论集群上发生什么都能得到可靠的计数值，需要在行动（action）而不是转换（transformation）中更新累加器。对于action而言，Spark确保在累加器中仅发生一次任务更新。当进行转换时则不能有此保证，因为累加器在转换中可能更新多次。

数据局部性

数据局部性对于所有分布式处理引擎都十分重要，因为它极其影响性能。Spark根据集群上数据集的分布及可用资源来调度任务的执行，也借此处理数据局部性的问题。

如果处理数据集子集的代码跟相关的数据没有放在一起，就必须把它们移到一起。很显然，把代码移到数据边上会更快。这也是Spark的运行方式：把序列化的代码搬到放置数据的worker节点上。

如果要定义数据局部性，可以通过需要执行的代码与数据驻留节点的远近来决定。我们看一下数据局部性的几种级别。

- PROCESS_LOCAL

  这是最好的级别，数据与执行的代码在同一JVM中。

- NODE_LOCAL

  数据在同一 worker 中，但不在同一 JVM。这意味着存在进程间移动数据的开销。

- NO_PREF

  数据没有本地偏好，它能从任何位置同等地访问。

- RACK_LOCAL

  数据在相同的机架上，但位于不同的服务器。

- ANY

  数据既不在同一个服务器也不在同一个机架上。

以上级别是按照数据的距离从最近到最远排序的。Spark 会调度任务的执行，以便获得最近的局部性级别。然而，有时候因为一些资源的原因，它不得不放弃最近局部性级别的数据而选择更远的。比如，数据与 executor 在同一机器上，但是这个 executor 比较忙，有一些离数据稍远的 executor 处于空闲状态。在这种情况下，Spark 会等待一段时间，让这些忙的 executor 完成手头的工作。如果该 executor 一直不可用，而一个新的任务将在可用节点上启动，数据就会被传送给那个节点。

你可以配置 Spark 对于各数据局部性级别或所有级别，等待 executor 转成空闲的时长：

```
val configuration = new SparkConf()
configuration.set("spark.locality.wait", "3s")
configuration.set("spark.locality.wait.node", "3s")
configuration.set("spark.locality.wait.process", "3s")
configuration.set("spark.locality.wait.rack", "3s")
```

总结

在本章，我们讨论了一些影响 Spark 应用程序性能的主要因素。本章的目的是让你认识到编码时的决策如何对应用程序执行产生巨大影响。要做到这一点，就必须更好地理解 Spark 的运行机制。

掌握了关于避免性能瓶颈的技巧后，我们将继续学习 Spark 中的安全相关概念。

第 4 章

安全

在本章，我们将讲述 Spark 的安全体系架构。Hadoop 生态系统，包括 Spark，都是在多租户环境下运行的，这意味着一个集群可以被多个用户使用。你的公司可能有好几个部门根据各自需要在使用 Spark，由于为每个部门分别构建集群十分浪费，因此共享集群是企业中常见的方式，既省时间又省钱。

但这里有几个问题需要注意：

- **数据安全**。Spark 集群里存储着公司不同类型的数据，比如用户活动日志、采购日志和访问日志。有些数据所有人都能访问，而有些数据则不能。为了保护用户的数据，就必须管理对数据的访问。
- **job 安全**。即使数据访问可通过某种机制控制，但如果每个人都能给 Spark 集群提交任何类型的 job 也是十分浪费资源的。由于每个 job 都能访问数据存储，所以必须管理身份验证及提交 job 的 ACL（访问控制列表）。除此之外，Spark job 通过 Spark Web UI 及 API 发布 metrics（度量值），这些操作也必须受到限制。
- **网络安全**。与 Web 应用一样，可以通过主机 IP 和端口号进行访问控制。不然，任何集群用户甚至非集群用户都可以攻击一个 Spark 集群。为了管理防火墙以保护 Spark 集群，你必须了解 Spark 提供的每一个服务，例如 Web UI、REST API 及其端口号。

- **加密**。加密是最后的防御手段，能避免私有数据及网络数据包被攻击及访问。

虽然 Spark 还不能提供以上列出的所有功能，但是却提供了足够的安全特性及策略。在接下来的几节，将介绍 Spark 安全。我们会重点讲述实践而不是理论基础，因此不会深入探究加密的算法细节及协议。希望你能在自己的环境中配置出安全的集群。

架构

Spark 安全架构非常简单。几乎所有的安全责任都委托给 Spark 源码里的 `SecurityManager`（安全管理器）。这个类在 `SparkContext` 中初始化（具体点讲，是在 `SparkEnv` 中），能被所有 driver、master 和 worker 访问。因此，查看 `SecurityManager` 类，就可以知道你的安全架构是如何实现的。

Security Manager

几乎所有的配置都会被传给这个类。分布式 worker 可以通过 `SecurityManager` 访问配置（见图 4-1）。

如前所述，`SecurityManager` 在管理 ACL、验证及过滤器的配置等方面扮演了重要角色。Spark 安全有许多类型的配置，接下来的章节将讲述每一种配置详情。我们从如何在应用中配置属性开始介绍。

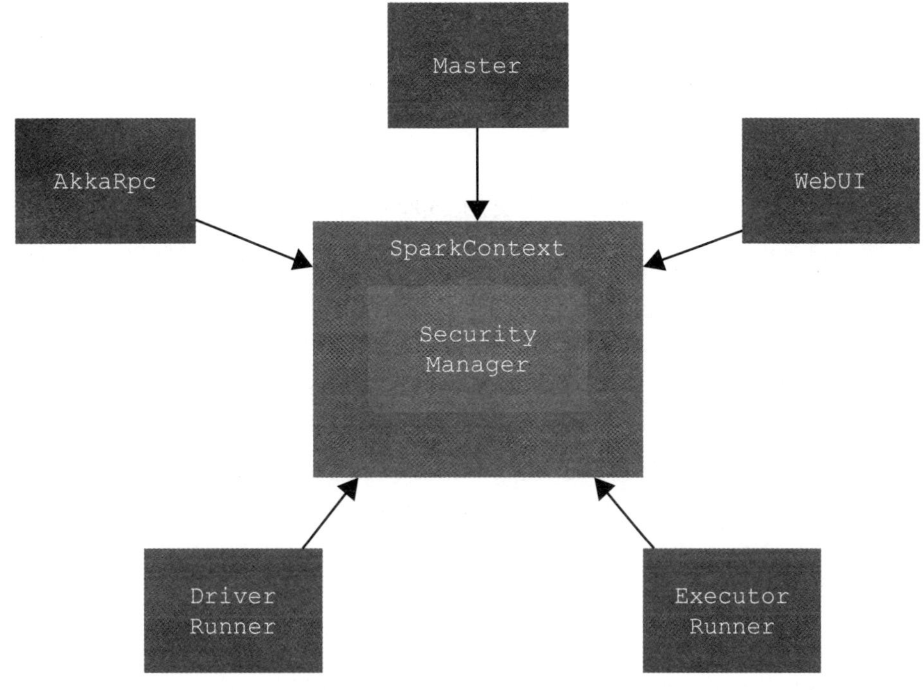

图 4-1 SecurityManager 负责安全配置

设定配置

这里有三种方式来设定 Spark 配置：Spark 属性、动态加载 Spark 属性以及写静态的配置文件。

- Spark 属性。

  通过 SparkConf，我们能设定所有类型的配置。

```
val conf = new SparkConf()
conf.set("spark.authenticate","false")
// 通过配置创建 context 对象
// 这个配置将会反映使用你的 job 的所有组件与 executor
val sc = new SparkContext(new SparkConf())
```

  - 这种方式常常需要通过修改代码来改变硬编码后的值。在开发及试验场景下，它并非理想的方法。Spark 提供了可以任意设定配置的方法。

■ AkkaRpc 由使用 Akka 的协议层所使用。其他的都是 Spark 组件。

- **动态加载 Spark 属性。**

从根本上来说，这种方式与使用 Spark 属性一样，但是可以通过诸如 spark-shell 或 spark-submit 等命令行接口的方式进行设置。要是想修改配置以便运行相同类型的 job，这种方式或许有用。例如，可以通过命令行接口设置--conf 选项，改变内存以测试内存大小对 job 性能的影响。

```
$ ./bin/spark-shell --master <Spark Master URL> \
          --conf spark.authenticate=false \
          --conf spark.authenticate.secret=secret
```

■ 也可以在 spark-submit 下使用此选项。

- **编写静态配置文件。**

在某些情形下，不需要改变每个 job 的配置。相反，有些配置应该是由集群上所有 job 共享的。这时编写一个配置文件会比较有用。除了像 spark-shell 及 spark-submit 等命令行接口工具，Spark 集群的 master 及 slave 服务器也会读取此配置文件。默认情况下，Spark 进程会读取${SPARK_HOME}/conf/spark-defaults.conf 文件。因此，如果你不想每次都修改配置文件，可以这样写：

```
# Example:
    # spark.master                  spark://<Master URL>:7077
    # spark.eventLog.enabled         true
    # spark.eventLog.dir             hdfs://<Name Node URL>:8021/
directory
    # spark.serializer              org.apache.spark.serializer.
KryoSerializer
    # spark.driver.memory         5g
    # spark.executor.extraJavaOptions -XX:+PrintGCDetails -Dkey=value
-Dnumbers="one two three"
```

可以参考 Spark 目录下的模板文件（$SPARK_HOME/conf/spark-defaults.

conf.template)。从现在开始，如果需要为单个 job 或整个集群设定配置，就可以选用上述方法。

ACL

ACL（Access Control List，访问控制列表）指定哪些用户或进程能访问特定的资源。ACL 的每一项（entry）表示一个用户或进程以及被允许的操作。Spark 目前通过一个共享密钥（shared secret）来管理 ACL 及身份验证。共享密钥是被许可用户持有的令牌，就像一个密码。因此，只有持有共享密钥的用户才可以访问特定的资源。换句话说，你可以利用此访问控制提交 job 或者查看已提交 job 的进程。这种共享密钥机制是一个简单的基本验证系统，帮助你守护 Spark 集群的安全。接下来，我们将介绍如何在 Spark 集群中配置 ACL 属性。

配置

在 Spark 集群上启用 ACL 需要配置三个参数（见表 4-1）。

表 4-1 在 Spark 上启用 ACL 时需要设置的参数

配 置	默认值
spark.authenticate	0
spark.authenticate.secret	None
spark.ui.view.acls	Empty

- spark.authenticate 参数用于表示身份验证是否已完成。默认值为 false，表示所有用户无须验证就可以在 Spark 集群做任何事情。这个参数具有 job 提交验证及 Web UI 验证的功能。
- spark.authenticate.secret 用来指定为一个 job 提交做验证时所需的共享密钥。为了正常运行 job，你必须让 job 提交的密钥与 Spark 集群持有的共享密钥相匹配。
- spark.ui.view.acls 是一个用逗号分隔的字符串，用来表示可以访问该 job 的 Web UI 用户名单。默认情况下，只有提交该 job 的用户才可以访问这个 job 的 Web UI。

提交 job

为了设置提交 job 的 ACL，需要设置 spark.authenticate 和 spark.authenticate.secret 属性。我们来看看在 Standalone 模式下，集群是如何工作的。首先，在 spark-defaults.conf 中对配置进行设定，参考模板文件（spark-defaults.conf.template）是很好的做法：

```
$ cp  $SPARK_HOME/conf/spark-defaults.conf.template \
        $SPARK_HOME/conf/spark-defaults.conf
$ vim  $SPARK_HOME/conf/spark-defaults.conf
$ cat  $SPARK_HOME/conf/spark-defaults.conf
      #  ...
      spark.authenticate              true
      spark.authenticate.secret       mysecret
```

这些属性要用空格隔开。现在就可以以 Standalone 模式启动集群了。在 Spark 目录下有一些实用程序脚本可以用来启动 master 及 slave 节点。

```
$ cd  $SPARK_HOME
$ ./sbin/start-master.sh
```

可以在 Web UI 上找到 master 的 URL。首先访问 http://localhost:8080，然后启动 slave 节点。你可以指定 Web UI 上的 master 服务器的主机名，如图 4-2 所示。

图 4-2　Spark master 的 Web UI 快照

```
$ ./bin/start-slave.sh \
        spark://SasakiKais-MacBook-Pro.local:7077
```

现在这个集群有一个在 spark-defaults.conf 中设置的密钥令牌（secret token）。因此，只有当你也有同样的密钥令牌时才能提交 job。可以确认这个 job 的提交是否成功或者不使用命令行界面。

```
$ ./bin/spark-shell \
        --conf spark.authenticate.secret=mysecret \
        --master spark://SasakiKais-MacBook-Pro.local:7077
```

如果使用的密码不一样，将会出现异常。

```
$ ./bin/Spark-shell \
      --conf Spark.authenticate.secret=wrongsecret \
      --master Spark://SasakiKais-MacBok-Pro.local:7077
...
15/12/03 23:17:15 WARN AppClient$ClientEndpoint: Failed to connect to
master SaskiKais-MacBook-Pro.local:7077
java.lang, RuntimeException: java.lang.RuntimeException: javax.security
.sasl.SaslException: DIGEST-MD: digest response format violation.
Mismatched response.
```

最后，你可以创建集群，知道这个密钥令牌的用户能在这个集群中提交 job，而不知道密钥令牌的用户就无法提交。这就是 Spark 上可以使用的最简单的验证系统。

Web UI

Spark 上每个运行的 job 都有一个 UI。当你提交一个 job 时，可以在 Web UI 上确认进度及相关的配置。虽然有对检查性能或者调试 job 比较有用的数据，但通常不便对所有用户公开。如果没有身份验证，那么所有用户都可以通过 Web UI 访问以下信息。

- **事件时间线**（event timeline）：对 job 生成的事件以可视化形式展现。在 Web UI 上可以看到每个任务是何时完成的，以便发现任务瓶颈。
- **stage 信息**：Spark job 运行时会产生若干 stage 单元。

- **存储信息**：它是 job 所使用的数据层。
- **配置**：列出 job 的配置参数，有利于调试及调优。
- executor：运行 job 的 executor 的相关信息。

在某些情形下，所有信息都应当保密，因此我们需要限制对 Web UI 的访问。Spark 使用 servlet filter（过滤器）来限制访问及做身份验证。在表 4-2 中列出对 servlet filter 的配置。

表 4-2　配置 Spark servlet filter

配　置	默认值
spark.ui.filters	None
spark.ui.view.acls	None

spark.ui.filters 是一个以逗号分隔的 servlet filter 类的列表。这个类需要实现 javax.servlet.Filter。对于熟悉 servlet 功能的人来说，它可能简单得不值一提，一般没有文档描述它。我们将介绍如何为 Spark Web UI 创建 filter 类。我们将实现这个过滤器，它能执行基本的验证，但是不够安全。虽然不适合在生产环境直接使用，不过作为入门示例还是很有用的。

实现 javax.servlet.Filter 接口的类可以使用下述三种方法来实现。在 http://docs.oracle/com/javaee/6/api/javax/servlet/Filter.html 中可以查看这个接口的详情。

- void init(FilterConfig)
- void doFilter(ServletRequest, ServletResponse, filterChain)
- void destory()

需要特别留意 doFilter 方法。这个 servlet filter 能做过滤及验证。因此，如果想为你的 job Web UI 也做这些操作，则需要编写 filter 类并添加这个类或添加引入了这个类的 jar 包。下面给出的是做基本验证的 filter 类。仅需要增加用户名和密码就能对这个数据用 base64 算法加密，该请求需要有个头部信息：Authorization: Basic <Base64 encoded username and password>。

```
GET /jobs/index.html HTTP/1.1
    Hosts: examle.spark.com
    Authorization: Basic c2FzYWtpa2FpOnBhc3N3b3JkCg==
```

实现此功能的 servlet filter 代码片段如下所示。鉴于本章的篇幅有限，此处不给出完整代码，只贴出 doFilter 方法的代码。

```
    import com.sun.jersey.core.util.Base64;
    import java.io.*;
    import java.util.StringTokenizer;
    import javax.sservlet.* ;
    import java.servlet.http.* ;
    import javax.servlet.Filter ;
    import javax.servlet.FilterChain ;
// ...
@Override
    public void doFilter(ServletRequest servletRequest,
                         ServletResponse servletResponse,
                         FilterChain filterChain)
      throws IOException, ServletException {
      HttpServletRequest request
        = (HttpServletRequest)servletRequest ;
      HttpServletResponse response
        = (HttpServletResponse)servletResponse ;
      String authHeader = request.getHeader("Authorization") ;
      if (authHeader != null) {
         StringTokenizer st = new StringTokenizer(authHeader) ;
         if (st.hasMoreTokens()) {
String basic = st.nextToken();
if (basic.equalsIgnoreCase("Basic")) {
         try {
            String credentials
            = new String(Base64.decode(st.nextToken()),
                         "UTF-8");
            int pos = credentials.indexOf(":") ;
            if (pos != -1) {
               String username
                  = credentials.substring(0, pos).trim() ;
               String password
                  = credentials.substring(pos + 1).trim() ;
               if (!username.equals("spark-user") ||
                     !password.equals("spark-password")) {
```

```
                    unauthorized(response, "Unauthorized:" +
                        this.getClass().getCanonicalName());
                    }
                filterChain.doFilter(servletRequest,
                                    servletResponse);
            } else {
                unauthorized(response, "Unauthorized:" +
                    this.getClass().getCanonicalName());
        } catch (UnsupportedEncodingException e) {
                throw new Error("Cound't retrieve " +
                  authorization information", e);
            }
          }
      }
    } else {
        unauthorized(reponse, "Unauthorized:" +
            this.getClass().getCanonicalName());
    }
    }
  private void unauthorized(HttpServletResponse response,
                          String message) throws IOException {
    response.setHeader("WWW-Authenticate",
                      "Basic realm=\"Spark Realm\"");
response.sendError(401, message);
  }
```

上面是用到的 BasicAuthFilter 类的部分实现。所有的请求信息存储在 ServletRequest 中，为了以 HTTP 请求的方式操作，必须将这个类转为 HttpServletRequest 类。验证头能通过 getHeader 方法恢复。

```
String authHeader = request.getHeader("Authorization");
```

在这个基本验证中，用户名及密码是以 Base64 格式编码的，因此还必须解码。Spark 已经有 Jersey 依赖。如果你在开发 Spark 包，可以在应用中使用 com.sun.jersey.core.util.Base64（Java 8 也有内置的 Base64 解码器）。

```
String credentials
        = new String(Base64
          .decode("c2F2YWtpa2FpOnBhc3N3b3JkCg=="),"UTF-8");
```

可以从 credentials 中获取用户名及密码明文，它们以冒号分隔。下面，我们用一个冒号将这个字符串分割开。

```
in pos = credentials.indexOf(":")
```

如果没有找到冒号“:”，按照定义将返回-1（http://docs.oracle.com/javase/8/docs/api/java/lang/String.html#indexOf-int-）。以下是主要的验证代码：

```
if (!username.equals("spark-user")
                || !password.equals("spark-password")) {
        unauthorized(response, "Unauthorized:" +
                    this.getClass().getCanonicalName()) ;
    }
```

这段代码验证了这位用户名为“spark-user”，密码为“spark-password”的用户。可能还必须参考存储每个用户凭证信息的数据库。但是这里为了简化问题，用的是硬编码的文本。需要注意的是，不要在生产环境中使用这种类型的代码。比如用户名和密码这样的凭证信息不应该硬编码在 filter 的代码中。应当把它们从某个正常运转的加密存储中恢复回来。

在这种情况下，只要用户名或者密码中的任意一个与凭证信息（“spark-user”及“spark-password”）匹配不上，验证就无法通过，也就无法看到运行在 Spark 上的应用程序的 Web UI。

一旦写完 filter 代码，你的应用程序 jar 包就可以包含这个类并提交到 Spark 集群上运行。当提交应用时，必须在 spark.ui.filters 中设置你的 filter。

```
$ ./bin/spark-shell \
        -jars <The jar file including your application classes> \
        --conf spark.autheticate.secret=mysecret
        --master <The master of your Spark cluster>
        --conf spark.ui.filters=your.app.BasicAuthFilter
```

通过浏览器访问应用的 Web UI 时，需要输入用户名和密码。如果你用的是 Chrome 浏览器，将弹出一个对话框（见图 4-3）。输入正确的用户名和密码，就会看到应用程序的 Web UI。

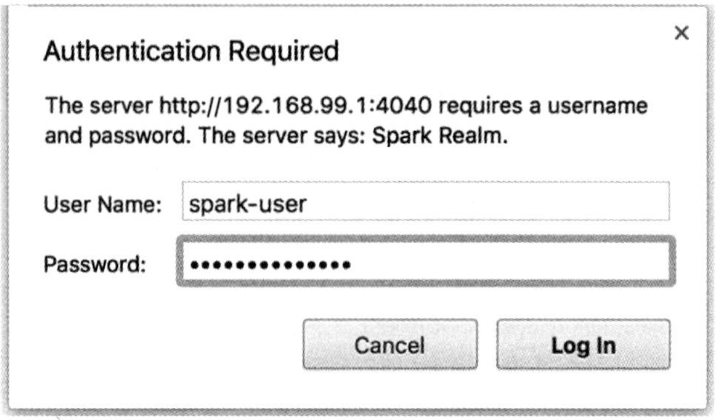

Authentication Required

The server http://192.168.99.1:4040 requires a username and password. The server says: Spark Realm.

User Name: spark-user

Password: ••••••••••••••

Cancel　Log In

图 4-3　显示用户名和密码的弹出式对话框

这个简单的 servlet filter 或许可以满足企业在很多方面的应用需求。但是 Spark 还有一个特性可用于 Web UI 的 ACL。如前所述，可以使用 `spark.ui.view.acls`。它是一个以逗号分隔的用户列表，只有在列表中的用户才能访问 Web UI。需要注意的是，启动这个应用程序的用户总是能够访问 Web UI，即使未出现在列表上。用户名可通过 `HttpServletRequest#getRemoteUser()` 方法得到，该方法返回登录验证系统的用户名。我们来做一次试验，创建一个继承 `HttpServletRequestWrapper` 的包装器类。现在，让我们来实现这个简单的身份验证系统，该系统如果能够验证用户名（此例中为“spark-userA”）是由一个 filter 设定的，而且是包含在用户列表（假设这个表为“spark-userA”、“spark-userB”、“spark-userC”）中，则用户能以此用户名登录。首先，实现 `UserListRequestWrapper` 的包装器类：

```
public class UserListRequestWrapper
      extends HttpServletRequestWrapper {
    // 登录用户名
        String user ;
    // 登录数据库
        List<String> userList = null ;
    // 包装这个类的原始请求
        HttpServletRequest request ;
    public UserRoleRequestWrapper(String user,
          List<String> userList,
          HttpServletRequest originalRequest) {
             super(originalRequest) ;
             this.user = user ;
```

```
                this.userList = userList ;
                this.request = originalRequest ;
            }
        @Override
                if (this.userList.contains(this.user)) {
                  return this.user ;
                }
                return null ;
            }
}
```

这个请求类接收两个参数。

- String user ：指定登录用户名。在这段代码中，filter 扮演了验证系统的角色。登录用户名被 filter 设置为“spark-userA”。在实际场景中，登录用户名应该由外部的验证系统，如 Kerberos 来设置。
- List<String> userList：为了简化验证系统的实现，用 List<String> 代表存储用户凭证的数据库。如果列表包含给定的用户名，此用户将被验证通过。

这些数据由一个 filter 来设置。该 filter 的实现与 BasicAuthFilter 类似，只需要编写 filter 类 UserListFilter 的 doFilter 方法。

```
@Override
    public void doFilter(ServletRequest servletRequest,
       ServletResponse servletResponse,
       FilterChain filterChain)
       throws IOException, ServletException {
       HttpServletRequest request
             = (HttpServletRequest)servletRequest ;
       String user = "spark-userA" ;
       List<String> userList
            = Arrays.asList("spark-userA",
                      "spark-userB",
                      "spark-userC") ;
         // 传递保存用户列表的包装器类
         // Spark 应用使用这里验证的登录用户名
         // 来决定是否显示 Web UI
   FilterChain.doFilter(
```

```
            new UserRoleRequestWrapper(user,
               userList, request), servletResponse) ;
    }
```

通过 UserListFilter，所有 HTTP 请求被转换为包装器类请求：UserListRequestWrapper。登录名设为“spark-userA”。我们希望让名为“spark-userA”的用户通过验证。因此当提交应用程序时，需要把“spark-userA”添加到 spark.ui.view.acls 中。

```
$ ./bin/spark-shell \
      --jars <The jar file including your application classes> \
      --conf spark.authenticate.secret=mysecret \
      --master <The master of your Spark cluster> \
      --conf spark.ui.filters=your.app.UserListAuthFilter \
      --conf spark.ui.view.acls=spark-userA
```

当你访问应用程序的 Web UI 时，登录名会被自动设置为“spark-userA”，并被允许访问。这样，你就可以看到所有信息了。如果不设置 spark.ui.view.acls，就会在浏览器中看到如图 4-4 所示的警告。

HTTP ERROR 401

Problem accessing /jobs/. Reason:

    User is not authorized to access this page.

Powered by Jetty://

图 4-4　HTTP 错误 401

这意味着 ACL 对应用程序的 Web UI 访问控制是有效的。需要注意的是，提交 job 的用户总是能访问 Web UI。Spark 中有一个配置：spark.admin.acls，它指定能通过 Web UI 访问任意资源的管理员用户。你可以用这个值来指定 Spark 集群的管理员。

网络安全

Spark 有许多不同类型的网络使用场景。例如，在集群节点间使用内部连接（interconnection）传输 shuffle 数据，客户端与 worker 之间使用 HTTP 连接来显示应用的 Web UI。有些环境需要有严格的防火墙设置来配置 DMZ 网络或一个独立的全局网和内网。你需要知道在哪台服务器上启动服务以及对应的端口号。在本节，我们将介绍 Spark 集群所有可能的网络连接方案。可以参考表 4-3 来设置防火墙。

表 4-3　防火墙设置

配　置	从	到	默认端口
spark.ui.port	浏览器	应用	4040
spark.history.ui.port	浏览器	历史服务器	18080
spark.driver.port	executor	driver	随机
spark.executor.port	driver	executor	随机
spark.fileserver.port	executor	driver	随机
spark.broadcast.port	executor	driver	随机
spark.replClassServer.port	executor	driver	随机
spark.blockManager.port	executor/Drive	executor/Drive	随机

所有的集群管理系统（Standalone、YARN 或者 Mesos）都会使用这些端口。集群内部的连接则使用随机的端口。通常情况下无须关心它们，除非是为了管理安全问题。然而为了设置防火墙之类的事情，还是有必要了解端口号的。表 4-3 中的端口号是 Spark 随机选择的，所以你必须在配置中明确地指定端口号。没有其他更好的方式能系统地知道这些端口号。

如果以 Standalone 模式运行 Spark，需要留意更多的端口（见图 4-4），前面几节介绍过，它们主要与 Web UI 相关。根据 Databricks 在 Spark 2015 欧洲峰会上的报告（如图 4-5 所示），Standalone 模式的使用最为广泛。这里我们假设大多数读者都使用这种集群管理模式。

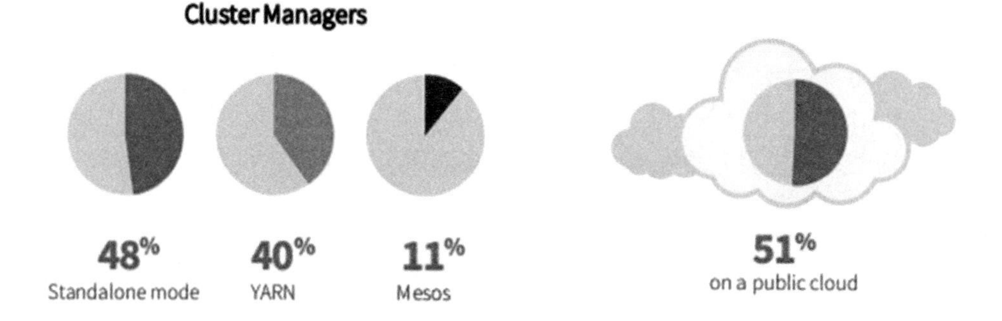

图 4-5　Matei Zaharia 在 Spark 2015 欧洲峰会上的发言（http://www.slideshare.net/databricks/spark-summit-eu-2015-matei-zaharia-keynote）

如果必须基于 IP 及端口号限制访问及连接，请参考表 4-4。

表 4-4　Standalone 模式端口号

配　置	从	到	默认端口
spark.master.port.ui	浏览器	Standalone master	8080
spark.worker.ui.port	浏览器	Standalone worker	8081
SPARK_MASTER_PORT	driver/Standalone worker	Standalone master	7077
SPARK_WORKER_PORT	Standalone master	Standalone worker	随机

加密

当前几乎所有的 Web 应用程序，如 Google、Yahoo、Amazon 等都支持客户端与服务器之间的 SSL/TLS 连接。通过 SSL/TLS 可以将传输的数据进行加密并且安全送达，不会被恶意的第三方读取。Spark 部分支持 SSL/TLS 连接。目前，基于 Akka 的连接、广播及文件服务连接，Spark 都是支持的。Spark 内部使用 JSSE（Java 安全套接字扩展）模块实现 SSL/TLS 通信。如果熟悉 JSSE 的话，只需要利用 JSSE 创建一个 keystore（密钥库）和 truststore（信任存储库）来使用 SSL/TLS。相关详情可查看 Oracle 官方文档：https://docs.oracle.com/javase/6/docs/technotes/guides/security/jsse/JSSERefGuide.html。总之，在设置 Spark 上的 SSL/TLS 加密通信之前，通常需要做以下准备：

1. 为服务器端创建一个私钥。
2. 创建一个证书签名请求（CSR）。
3. 从 CA（证书授权中心）得到签名的证书文件。
4. 将签名的证书文件导入受信的存储。

尽管正式的流程如上面列表所述，但是作为一个测试或试验，从 CA 获取签名证书还是有点困难的。因此，在 Spark 集群上尽量尝试使用自签名证书来检查 SSL/TLS。即使从 CA 获取签名的流程被忽略，对于实际使用而言，整个流程依然是相同的。我们来看看哪种类型的流程及配置是必需的。

下面将使用 JDK 中的命令行工具 keytool。使用之前需要确认正确安装了这个工具，而且 PATH 环境设置包括了该工具。例如，在本机/usr/bin 目录下的有 keytool：

```
$ which keytool
usr/bin/keytool
```

首先，必须用这个工具产生一个私钥。当然也可以用 openssl 或者其他 SSL/TLS 工具来创建私钥。用-genkey 选项生成私钥：

```
$ keytool -genkey \
               -alias ssltest \
               -keyalg RSA \
               -keysize 2048 \
               -keypass key_password \
               -storetype JKS \
               -keystore my_key_store \
               -storepass store_password
```

alias 指定存储在 keystore（密钥库）的唯一密钥名。从现在起，我们将使用这个唯一的名字，请牢记它。keyalg 指定了用于获得私钥/公钥对的加密算法。密钥长度通过 keySize 指定。密码越长，加密就越安全。keystore、keypassword、storepass 都是需要识记的重点。keystore 是一个文件，存储生成的私钥，keypass（密钥密码）代表使用该私钥时用到的密码。storepass（存储密码）是 keystore 自己使用的密码。当上述命令成功运行后，你会得到一个文件 my_key_store，生成的私钥就存储在其中。你还能立即生成一个证书文件，因为这时不需要从证书授权中心得到签名。

```
$ keytool -export \
              -alias ssltest \
              -file my_cert.cer \
              -keystore my_key_store
```

alias 指定的名称与用来生成私钥时的名称相同。它用于指定在前面创建的 keystore 文件 my_key_store 中存储的私钥。当输入此命令时，需要从命令提示行输入密码，它必须与之前创建私钥时设定的密码一致。如果命令运行成功，将创建 my_cert.cer 文件，它是一个自签名的证书文件。接下来需要在 Spark 上使用该证书。最后一步是把证书导入到 keystore 中，可以在 JSSE 使用这个 keystore。

```
$ keytool - import -v \
          - trustcacerts  \
          - alias ssltest   \
          - file my_cert.cer  \
          - keyStore my_trust_store  \
          - keypass store_password
```

如果指定了 trustcacerts，默认 cacerts 中的其他证书将创建一条信任链。如你所知，alias 依然像之前一样被保存和使用。使用这个命令，将先前创建的证书文件导入 keyStore 指定的 truststore（信任存储）中，密码也是通过 keypass 选项来指定的。它们都在 Spark 配置中使用。请记住它们。处理完这些事情后，在当前目录下会有三个文件，如表 4-5 所示。

表 4-5 keystore 文件

密 钥	描 述
my_key_store	私钥文件
my_cert.cert	证书文件
my_trust_store	验证服务器用的信任存储

你保存过私钥、密钥库以及信任存储库的密码吗？必须在配置文件中设置它们。Spark 中 SSL/TLS 连接所需的配置如表 4-6 所示，需要设置的参数比较多。Spark 目前支持 Akka 或文件服务上的 SSL/TLS 通信。因此，除了 spark.ssl.enabled 之外其他配置都可以被应用到通信层级别。例如，如果设定 spark.ssl.protocol=TLSv1.2，它将应用到基于 Akka 或文件服务器的通信。另一方面，如果你设定 spark.ssl.akka.protocol=TLSv1.2，这个值将仅用于基于 Akka 的通信层。如果你不想为让两种方法使用相同的配置，就可以这么设定（见表 4-6）。

表 4-6 配置方法

配 置	描 述
spark.ssl.enabled	指定是否在Spark集群/应用中启用SSL/TLS连接
spark.ssl.enabledAlgorithms	以逗号分隔的加密算法列表。它们必须是受JVM支持的。可以从这里找到JVM所支持的加密算法：https://blogs.oracle.com/java-platform-group/entry/diagnosing_tls_ssl_and_https
spark.ssl.keyPassword	你的私钥密码
spark.ssl.keyStore	密钥存储文件的路径。既可以是启动这个组件的绝对路径，也可以是相对路径
spark.ssl.keyStorePassword	密钥存储文件的密码
spark.ssl.protocol	指定加密通信的协议。它必须是受JVM支持的，可以从这里找到JVM支持的协议：https://blogs.oracle.com/java-platform-group/entry/diagosing_tls_ssl_and_https

续表

配　置	描　述
sparl.ssl.trustStore	信任存储文件的路径。既可以是启动这个组件的绝对路径，也可以是相对路径
spark.ssl.trustStorePassword	信任存储文件的密码

本例中配置如下：

```
spark.ssl.enabled                    true
spark.ssl.enabledAlgorithms          TLS_RSA_WITH_AES_128_CBC_SHA,
TLS_RSA_WITH_AES_256_CBC_SHA
spark.ssl.protocol                   TLSv1.2
spark.ssl.keyPassword                key_password
spark.ssl.keyStore                   /path/to/my_key_store
spark.ssl.keyStorePassword           store_password
spark.ssl.trustStore                 /path/to/my_trust_store
spark.ssl.trustStorePassword         store_password
```

Spark 的所有组件都使用这个密钥库和信任存储，例如 driver、master 及 worker，它们应当分布在集群中。现在使用的是 Standalone 模式集群，因此可以指定相同的路径及文件作为密钥库和信任存储。

在 spark-defaults.conf 中写入以上配置后，就可以启动 Spark 集群。

```
$ ./sbin/start-master.sh
$ ./sbin/start-slave.sh <Master URL of Spark cluster>
```

现在可以提交你的 job 了，因为它在 Spark 集群里仅仅用于内部通信。虽然无法看到 SSL/TLS 的通信效果，如果做了正确的配置，日志将会记录下 SSL/TLS 是怎样工作的。要查看这个日志文件，必须允许写入 DEBUG 日志，因为 SecurityManager 的日志级别为 DEBUG。输出的级别可以通过 log4j-defaults.properties 文件修改。

```
log4j.rootCategory=INFO, console
log4j.rootCategory=DEBUG, console
```

在重启 Spark 集群后，可以查看 logs 目录下的日志文件。

master 的日志文件如下：

```
logs/spark-<Username>-org.apache.spark.deploy.master.Master-1-<Host
name>.out
```

worker 的日志文件如下：

```
logs/spark-<Username>-org.apache.spark.deploy.worker.Worker-1-<Host
name>.out
```

可以在此确认 SSL/TLS 配置是否正确：

```
15/12/06 14:01:07 DEBUG SecurityManager: SSLConfiguration for file
server: SLLOptions{enabled=true, keyStore=Some(/Users/sasakikai/
my_key_store), keyStorePassword=Some(xxx), trustStore=Some(/Users/
sasakikai/my_trust_store), trustStorePassword=Some(xxx),
protocol=Some(TLSv1.2), enabledAlgorithms=Set(TLS_RSA_WITH_AES
_128_CBC_SHA, TLS_RSA_WITH_AES_256_CBC_SHA)}
15/12/06 14:01:07 DEBUG SecurityManager: SSLConfiguration for Akka:
SSLOptions{enabled=true, keyStore=Some(/Users/sasakikai/my_key_
store), keyStorePassword=Some(xxx), trustStore=Some(/Users/
sasakikai/my_trust_store), trustStorePassword=Some(xxx),
protocol=Some(TLSv1.2), enableAlgorithms=Set(TLS_RSA_WITH_AES
_128_CBC_SHA, TLS_RSA_WITH_AES_256_CBC_SHA)
```

这个配置与预期相符，是正确的。

事件日志

在第 3 章介绍过，Spark 有一个叫作“事件日志”（event logging）的特性，可用于重建 Web UI。这个日志数据可以在存储中持久化以便日后使用，还可以被解码来显示 job 信息。换句话说，这些文件保留了需要展现在 Web UI 中的 job 信息。对这些文件的访问必须进行限制，其原因与限制对应用的 Web UI 的访问相同。稍后，历史服务器会读取这个文件，因此只有运行那个服务并享有组权限的超级用户才应该拥有此文件。应该给超级用户组提供组权限，避免非特权用户意外删除或重命名日志文件。

Kerberos

Hadoop 最初就用的是 Kerberos（https://en.wipipedia.org/wiki/Kerberos_(protocol)）作为自己的验证系统，因为它满足分布式系统的特性。当用户被成功验证之后，Kerberos 传递一个 Hadoop 上的授权令牌。在 Hadoop 上运行的每个服务都会查看此令牌，判断是否用户已经被验证通过。其实，例如 YARN、HDFS 及 Hive 等其他生态系统也支持 Kerberos。因为 Spark 依赖于这些系统，所以知道如何使用 Kerberos 及怎样写配置，会非常有帮助。有很多资料介绍 Kerberos 以及怎样与 Hadoop 生态系统集成，在这里就不再详述。但是请记住 Spark 与 HDFS 及 YARN 一样，都是分布式系统。所以，使用 Kerberos 也能在 Spark 上创建出一个安全和高性能的环境。下面是一些资源的地址：

- 安全模式下的 Hadoop(https://hadoop.apache.org/docs/current/hadoop-project-dist/hadoop-common/SecureMode.html#Hadoop_in_Secure_Mode)
- Kerberos：网络验证协议（http://web.mit.edu/kerberos/）
- 配置安全的 HDFS（https://www.cloudera.com/content/www/en-us/documentation/archive/cdh/4-x/4-2-2/CDH4-Security-Guide/cdh4sg_topic_3_7.html）

Apache Sentry

Spark 及 Spark 依赖的其他生态系统有不同的安全语义。例如，ACL 对应的 HDFS 文件是通过文件权限管理的，但是 Hive 中有诸如表、分区及文件等更复杂的概念。它们不需要与 ACL 语义的文件系统 HDFS 相匹配。此外，默认情况下任何人都可以提交 Spark job。当前不能强制对每个 job 进行验证，那么，如何把一个受信任资源与不受信任资源正确地集成在一起呢?

Apache Sentry 是一个为存储在 Hadoop 集群上的数据及元数据访问提供强制执行基于角色认证的系统。用户和应用程序使用 Sentry 可以对 Hadoop 集群上存储的数据，进行权限控制。Sentry（见图4-6）已经可以与Hive、Metatore/HCatalog、Solr、Implala及HDFS集成。Sentry采用了可插拔架构来与一个新平台集成。虽然Sentry当前不支持Spark，但开发出支持Spark的插件仅仅是时间问题。

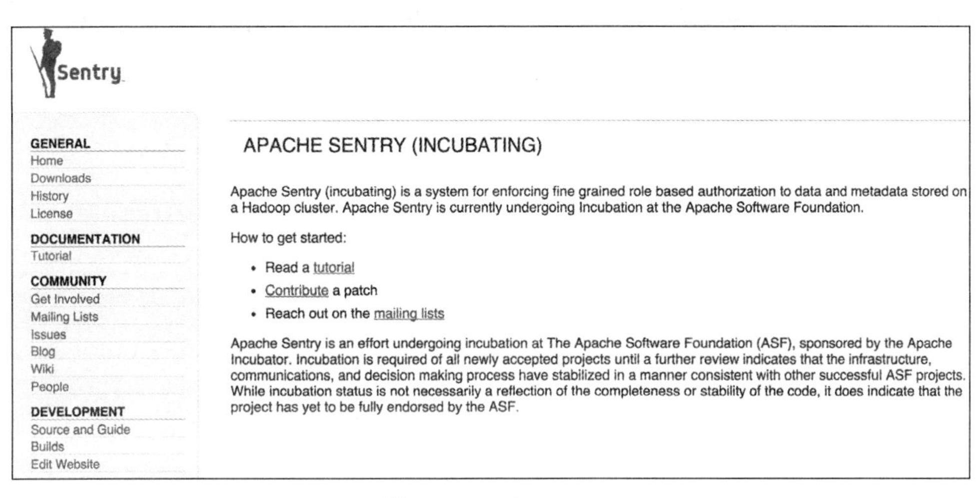

图4-6　Apache Sentry

总结

多租户环境的安全性对于企业级应用至关重要。虽然这个问题并不仅限于Spark，但Spark保存和操纵的业务数据通常比较敏感。使用各种类型的日志数据并不能完全保护个人信息，而且它们的组合使用往往诱发个人信息的外流。操纵用户数据的系统需要更高层级的安全保护机制。在服从政府法规监管要求上，用户数据安全已经成为公司需要特别重视的问题。

对于公司里的预算及资金来说，安全也是一个重要问题。授权（authorization）是实现资源隔离的必要措施。为了确定每个部门或用户使用了多少集群资源，需要正确地授权。对于业务资源（比如预算）的分配所做的决策，会影响在新业务上的投资。因此从某种意义上说，安全性对于公司新业务的启动及发展扮演着重要角色。

Spark为构建安全的数据处理系统提供了最基本的功能。你可以对数据与job设置 ACL。Spark 也能做某种级别的加密。在许多情形下，我们相信 Spark 目前提供的安全功能基本能满足一般的企业级使用。但在一些特殊的情形下，需要用到 Spark 还不支持的安全策略，此时可以提交解决这种问题的补丁以支持相应场景。这种补丁也许正好是其他人想要的。所有过程是自由和开放的，因为 Spark 就出自开源社区。

第 5 章

容错或 job 执行

对应用程序来说，在正式上线使用前做概念验证（proof-of-concept）是很常见的。在这个阶段，job 运行失败、超大型数据集以及必要的服务水平协议（service level agreements，SLA）都还没有出现。由于大多数开发人员开始使用 Spark 框架时主要完成诸如应用程序迁移、探索性分析、验证机器学习思路等工作，所以概念验证在 Spark 中尤为重要。

不管最初的应用是怎样的，每一位开发人员的应用程序在其运行的生命周期中都会出现“应用最终不再正常工作”的情况。这可能是由内存溢出（Out Of Memory，OOM）异常、job 持续失败或者 driver 崩溃导致的。

本章将集中讨论这些问题，以及如何让你的应用程序能够容错，以便它在生命周期的下一阶段（比如生产环境）顺利运行。具体来说，我们将探索如何以及为什么要进行 job 调度，介绍应用容错的概念及需要做的配置，最后我们会看看最新版本的 Spark（撰写本书时为 1.5 版本）对硬件有什么限制以及一些优化的技巧。

此外，我们需要确保 Spark 的各种组件不受影响。随着新的 DataFrame API、SparkSQL 及其他组件的出现，我们也需要能保证容错及 job 的执行，不论是使用 Spark 核心（core）还是使用它的任一组件项目。

Spark 的组件都非常诱人且实用，对开发人员来说都是值得学习的。从 GraphX 到 MLlib，Spark 的这些包都是非常强大的组件。现在，你可能会问我们是不是要讲述 Spark 的组件以及讨论 Spark 网站上（https://Spark-packages.org）各种流行的包（package）。答案是否定的。

首先，我们会介绍底层原理，理解 Spark 应用程序的生命周期，包括 Spark 框架的几个关键组件，例如 driver、worker、Spark master 以及它们的通信模式。由于在第 2 章已经介绍过 Spark 的各种资源调度框架，这里不会讲太多的细节。

接下来，我们将研究为了在生产环境中运行 Spark job 而做调度的各种方法。这包括核心 Linux 操作系统提供的各个组件和工具，以及 Spark 可以通过自带的工具以哪些方式执行。我们简单讨论 Spark 应用程序自维护的几种方法，以及这些方法在什么情况下能成功。

最后，我们深入理解 Spark 的容错属性。这里关键的区别在于，Spark 组件中拥有两个弱关联领域的容错机制：批处理（Batch）和流处理（Streaming）。这两者本章都会涉及，还会讨论当谈及应用的容错时二者的异同。

除了批处理和流处理，我们还将讲述前面讨论的每个组件如何保持它们的容错及可靠性，如何调优 Spark 以进一步实现容错，对这些配置如何取舍，最后深入理解 Spark 组件及其具体的调优参数。

Spark job 的生命周期

自从分布式计算出现以来，大型应用的生命周期对于开发人员开发出成功的产品已经变得非常重要。在讨论 Spark 应用时，这是一个不可不提的问题。

在深入理解 Spark 应用的生命周期之前，需要重新回顾一下组成 Spark 框架的各种组件。它们包括 Spark master、driver、worker 节点（见图 5-1）。没有这些核心组件的交互与协作，Spark 就无法根据需要执行相应的 task。

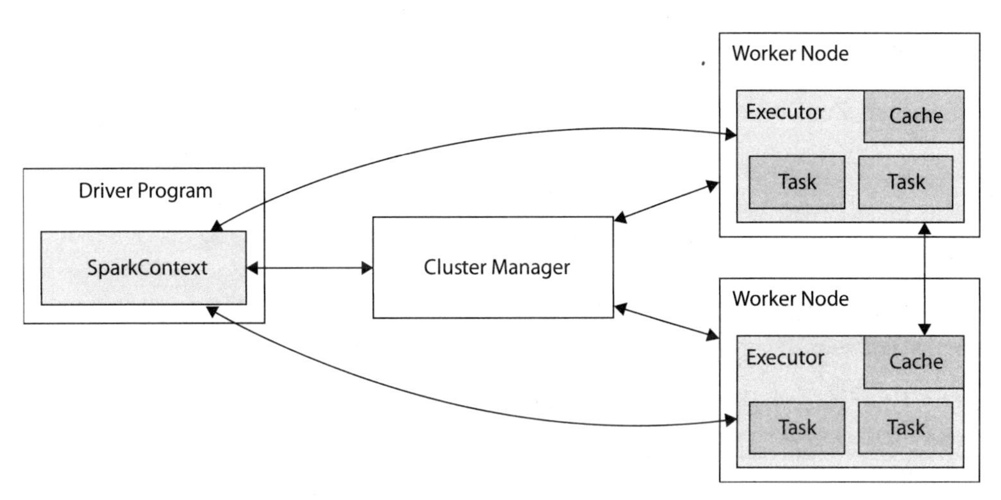

图5-1　一个Spark应用中的组件（参考http://spark.apache.org/docs/latest/cluster-overview.html）

Spark master

在Spark里，Spark master是一个服务器端应用程序，由它决定对Spark框架的其余部分如何做调度。除非有明确的说明，不然对于高可用（high availability）而言，只会有一个master 服务，我们将在稍后的章节介绍。

在第2章里，我们讲到了各种资源管理器，master的主要作用是为各资源管理器协调资源。甚至当使用下面的代码在本地运行Spark也是如此：

```
$spark-submit  --master local[8]
```

如前所述，Spark master执行Spark所需的调度决策，确保所有的worker（后面会讨论）即使在job失败的情形下也能成功运行。它控制着待运行的程序与执行任务的底层硬件之间的交互。

要在高可用性环境下设置Spark master，还需要增加另一层依赖，即Apache ZooKeeper。在我们继续讨论可用性及容错之前，先简单了解一下ZooKeeper所提供的功能。

Apache ZooKeeper

Apache ZooKeeper 是一个分布式、无主服务器（masterless）的协调服务。这意味着什么呢？假定我们都处于分布式环境中，但如果该环境有一个无主服务，那就表明没有协调中心。而如果没有协调中心，则集群中每个 ZooKeeper 节点都可以被启动，而且它们既能用作服务端也能用作客户端。

协调是 ZooKeeper 与生俱来的关键能力。随着一波又一波新分布式系统的出现，关于如何执行命名（naming）、锁（ locking）、同步（ synchronization）这些分布式服务，不同系统之间存在巨大差别。Apache ZooKeeper 弥合了这种差别。具体来讲，ZooKeeper 通过 quorum 进程执行分布式协调，使得不存在节点不同步的情况，让开发人员能编写分布式应用程序，利用 ZooKeeper 服务来判断某个节点是否持有锁，是否存在其他节点，或者在一个分布式写上进行阻塞等。

我们将不会深入讲解 ZooKeeper，但要将 Spark 应用程序投入生产环境，很可能要用到 ZooKeeper。所以，如果你还不太了解它，建议仔细读一遍 `https://zookeeper.apache.org` 上的文档，然后配置一个具备容错的 ZooKeeper 环境。

既然我们设定了我们的分布式协调服务，接下来继续了解需要如何使用 Spark master 服务来确保它的容错性。如果 ZooKeeper 服务可用，Spark master 就能依赖它确保在给定的任意时刻，只有一个 master 控制整体集群。因此当前 master 可以在任意给定节点上失效，由其他 master 接管成为新的领导者（leader）。这是通过 ZooKeeper 的选举过程实现的，由于给定的 master 的状态保存在 ZooKeeper 中，必须将它传给新的 master，然后这个继任者才能把工作接续上。

让我们看看在应用里面需要配置哪些属性来启用这种容错机制：

```
spark.deploy.recoveryMode = "ZOOKEEPER"
spark.deploy.zookeeper.url = "127.0.0.1:2181, 127.0.0.2:2181, 127.0.0.3
:2181"
spark.deploy.zookeeper.dir = "/spark/master"
```

应该在提交此应用程序用于运行时在 `spark-env` 文件里的 `SPARK_DAEMON_JAVA_OPTS` 属性中指定上面的几个属性。具体来说，以上面的值为例，应该在你的

spark-env 文件里写如下一行内容：

```
export SPARK_DAEMON_JAVA_OPTS="-Dspark.deploy.recoveryMode=ZOOKEEPER\
                                -Dspark.deploy.zookeeper.url=127.0.0.1:
2181\
                                -Dspark.deploy.zookeeper.dir=/Spark/
master"
```

我们从“恢复模式”（recovery mode）这个选项开始来了解这些属性。为了通过 ZooKeeper 使集群具备恢复能力，你必须将这个模式设置为“ZOOKEEPER”（全部大写）。下一个设置是 ZooKeeper URL。此时，你应该对它相当熟悉，知道它是集群中每个 ZooKeeper 监听实例的主机名与端口号。最后是一个可选参数，即 ZooKeeper 的目录。这个属性值默认是“/Spark”，在上面的例子中，为方便展示我们把它设为“/spark/master”。如果没有其他应用在/spark 目录使用这个 ZooKeeper 集群，就可以将其忽略。

在继续讨论 Spark driver 之前，我们先暂停一下，简要介绍 Spark master 的另一个弹性恢复机制。有些人可能已经知道，还有一种方案能恢复 Spark master。我们会在后面说明，它不仅不够稳定，并且需要额外的外部进程，这与我们所追求的最小化配置是相违背的。

如刚才所说，Spark 的确可以通过单个 master 实例完成弹性恢复选项，并且恢复时所需要的状态保存在本地文件系统中。所有的 Spark worker 正常在 master 里注册，每个 worker 所需要的状态信息由本地文件进行记录。当 master 失效（假设该 master 失效）时，你将需要有一个外部进程能够产生一个新的 master 服务。这个新的 master 从前面提到的本地文件系统中获得 worker 的状态，继续提供服务。

这种弹性恢复方法有几个非常大的缺陷。首先，worker 的状态都是在单机下追踪的。如果因为某些原因机器或硬盘不再响应，就不是能否重启 master 的问题了，而是如何访问已写的本地状态文件。其次，我们前面已经提到过，它需要应用开发人员创建不同的组件来处理失效场景，并且还要处理得当才行。

由于以上种种原因，我们不推荐使用第二种方式来实现 Spark 容错。如果你非要用这种方案，可以了解一下为了确保可靠的容错需要满足哪些条件。

Spark driver

Spark driver 与 Spark master 不同，它主要维护 Spark 应用程序的状态，不过与 Spark master 相同的是，它也做一些调度决策。driver 与 master 最大的区别在于它们主要的任务及用户与之交互的方式。

当开发应用并且创建一个 SparkContext 时（此 context 被用于执行 Spark 命令），它其实就驻留在在 driver 应用上。所以，SparkContext 的责任，也是 Spark driver 作为 context 维护者的责任。

为了更好地理解 Spark driver 的能力，要先了解 SparkContext 的功能。这个 context（状态上下文）是进入 Spark 框架及其他组件的主要入口，它建立与 Spark master 的连接并且处理数据的收集过程。稍后我们将会介绍，当你在 RDD 上运行.collect 这样的方法时，将会发生哪些操作并且 driver 应用程序会聚集哪些数据。

在讨论从开发环境迁移到生产环境时，这是个比较关键的概念，因为使用.collect 这样的方法时我们常常没有意识到它们对系统所产生的影响。为了进一步说明它的重要性，我们构建一个示例应用程序，该应用需要处理 HDFS 中占据 1 TB 内存空间的文件。如果仅仅读这个数据集（假定集群内存是足够的），那么在读之后执行`.collect`命令，driver 节点的内存很可能就不够用了。

随着系统负载，具体来说随着数据规模的增长，这些命令常常会让应用程序崩溃。反过来，当首次把应用从开发环境迁移到生产环境的工作负载时，常常也会出现这种问题，例如可用负载从 10 GB 到扩展到 1TB 时。

另一个需要注意的关键问题是 driver 应用最终所处的位置，这要视底层资源管理器的类型而定。例如，在 Standalone 集群上运行 Spark 时，driver 可以出现在两个地方。第一个是将 Spark 应用提交到集群的那台客户机。第二个是 worker 节点，把 driver 放在这个节点上，就好像它是这个应用的另一个进程。

选择哪个选项取决于你的硬件条件及使用场景。为了更好地说明这个问题，我们看两个例子。

1. 有一个需要连接（join）两个大数据集的应用程序。它要求两个文件的所有数据以及对于给定的 join 条件数据集的所有行都驻留在内存中。假设每个数据集有 512 GB，Spark 集群的每个数据节点只有 256 GB 的内存。在 16 个数据节点上，哪一个节点都放不下这两个文件。在这个实例中，构建一个 2 TB 内存的客户端比较理想，在客户端上本地启动 driver 应用并执行 join 操作。
2. 多个应用共享一个 Spark 集群。它们通过客户端节点访问集群，该节点仅有 60 GB 的内存。这个集群管理着 50 个数据节点，每个节点有 48 个 CPU 和 256 GB 的内存。所有应用的负载每次在不超过 40 GB 的单个数据集上操作。在这种情况下，对于给定的 driver 应用，使用它时最多只需要存储 40 GB 的数据，而且它能被放置在到任意可用的数据节点。此外，因为这是一个共享的集群，客户端机器（用户在这台机器上启动各自的应用）上的资源使用是有限制的，由多个用户共享。在这个例子中，在 Spark 集群的节点上启动 driver 应用是非常明智的选择。

上面是两个人为限制内存及计算的例子，但是理解负载的前提条件才是关键。理解本书中讲述的应用程序相关的概念，有助于应用成功上线到生产环境。

我们怎样对给定的 Spark 应用进行配置以利用某种或其他模式呢？在 Spark 中使用这些模式很简单。每种模式分别被称为客户端模式（client mode）及集群模式（cluster mode）。在客户端模式中，将在提交应用的节点上启动 driver，与上面的第一个例子类似。相反，在集群模式中，driver 应用是在集群中启动的，类似于第二个例子。

可以像下面这样手动指定以客户端模式启动应用：

```
bin/spark-submit --deploy-mode client <application-jar>
```

以集群模式启动应用，基本上等价于使用如下命令：

```
bin/spark-submit --deploy-mode cluster <application-jar>
```

应当注意，对于 Spark Standalone 来说，如果不具体指定模式，driver 的默认部署模式即为客户端模式。这里我们没有讲述其他资源管理器如何分配 Spark driver。第 2 章已经详细讲过这些内容，此处不再赘述。

Spark worker

Spark worker 是 Spark 框架中名副其实的任务执行者。它们以服务的形式在 Spark 集群的每一个节点上被启动，主要与 Spark master 协作来理解需要完成的工作。每个 worker 进程被启动，它们反过来又启动 Spark executor 线程去处理任务，如前所述，driver 通过与 master 进行通信来完成程序的处理。

本质上，worker 是 Spark 最具容错及弹性恢复的部分，无须任何形式的配置。它们就是被设计来优雅地处理失败、中断和错误的，是使 Spark 成为强大的分布式框架的基石。

如果单个 worker 被杀掉（kill），不管出于什么原因，它都会被 master 进程自动重启。然而当一个 worker 被下线时，这个 worker 中运行的所有的 executor 及 driver 也被下线。

除此之外，如果 worker 里的 driver 或 executor 已经崩溃，但是这个 worker 依然活着，这个 worker 进程将单独重启 driver 或者 executor。

job 生命周期

既然我们了解了 Spark 的核心组件，下面就可以深入讨论典型 Spark 应用的生命周期了。你可能期望了解比图 5-1 所示的更深入的内容。

这个 job 以 Spark driver 应用开始。它做一些初始化设置以及启动 job，如前所述，主要是处理 Spark context 及相关的信息。Spark master 进程已经被启动并在集群上运行，等待来自 driver 的请求。driver 一旦连接上 master，将为应用请求所需的资源。然后 master 评估工作负载，把 task 分配到一组给定的 master 了解的 worker 应用上。每个 worker 在各自的物理服务器上启动许多 executor 进程，处理分派给它的数据分区。每个 executor 根据对应的操作维护自己的线程池及本地存储。当工作完成时，

worker 将响应 master 和/或 driver 应用来分发结果数据。

我们看几个 RDD 操作来体会一下应用的 context。代码如下：

```
rdd.join(otherRdd)
   .groupBy(...)
   .filter(...)
```

在上面的代码中，Spark 会先把对 RDD 操作的逻辑计划转为物理计划，建立 DAG。然后，这个 DAG 被进一步按操作分解为任务的 stage（本例中的操作为 join、groupBy 或 filter）。当这些 stage 准备就绪，会提交给 master 来完成。失败的 stage 在 master 里记录，并根据需要重新计算。

job 调度

在上线到生产环境的过程中会遇到许多挑战。如果从未做过此类工作或者刚上手一个新的框架，job 调度将是最大的挑战之一。

在本节，我们将主要关注：如何调度 Spark 应用，开发人员能做些什么使它稳定地运行，以及有哪些外部实用程序可以减轻负担？这里不讲述第 2 章的各种资源调度器，而是重点介绍应用与资源管理器的交互模型。

应用程序内部调度

无论是使用 Java、Scala，还是 Python 编写应用程序，对于语言而言，Spark 不过是一种用于访问可伸缩计算网格的框架和库。也就是说，你可以在同一个框架及集群下，通过简单地改动、操纵或管理框架而灵活调度及执行各种工作负载。

如上所述，当开发一个在 Spark-shell 外部的应用程序时，你可以拥有及维护 SparkContext，所以也拥有了任务的调度及执行权。接下来，我们学习调度。

当连接到集群后，SparkContext 开始维护所有的状态及应用逻辑。这些我们在前面已经讲过了，但是没有提及通过多线程同时控制 SparkContext 的能力及其他伴随的能力和限制。如 Uncle Ben 所说：“能力越大责任越大。”

先来说一说 SparkContext 多线程的能力。首先且最重要的是，执行另一个 Spark 管道的能力，这里说的管道是指数据集或 RDD 上的一系列操作。这意味着可以通过隔离及异步特性使其并行执行。另一个强大的特性是异步 Spark job，这里的 job 是一个给定的 Spark 操作，比如 collect 或 save 等，在相同的 context 中被提交到集群。这将启用 Spark 内部调度器方法的不同属性，稍后会详细介绍。

这些限制存在于内存管理中，因为 SparkContext 处理所有的连接信息及集群与 driver 之间的数据传输，因而保存了所有需要的应用信息来实现应用的稳定运行。如果 SparkContext 崩溃或损坏，应用将出现各种各样不确定的行为。这些限制让开发人员意识到，应该更深入地了解正在传输的是什么数据，context 在应用程序中是如何使用的，以及如何降低因 context 意外崩溃而导致的生产风险。

如上所述，SparkContext 为 Spark driver 所有，因此对各个应用程序的调度都是在 driver 节点上完成的。这一点对于了解资源限制非常关键。并行不是没有开销的，并行数据检索更是如此。因为所有的应用都在 driver 上运行，对于检索数据及收集数据的调用开销会进一步增大。在并行调度应用时，这种问题常常被忽视。

Spark 调度器

Spark 的内部调度主要分为两种类型。第一种是 FIFO 调度器，即“first in, first out”（先进先出），第二种是 Fair（公平）调度器。默认采用第一种调度方式，适合前期运行新应用程序时使用，但是在大多数其他情况下效果并不太理想。第二种方法源自 Hadoop 同名的调度器，允许对资源进行更细粒度的控制。

在进一步了解调度之前，首先了解一下 Spark“job”到底是什么。在这里的上下文中，Spark job 仅仅是作用于 RDD（例如调用 `groupByKey`）上的一个 action。该方法被调用时，它被分解成几个 stage（阶段），例如 map 和 reduce，每个 stage 需要一组资源来完成各自的并行任务。

用 FIFO 调度器，可以通过一个 SparkContext 提交多个 job，对于提交的每个 job，Spark 将按接收它们的顺序依次完成。这意味着，如果队列头部的 job 没有利用整个集群的资源，后面的 stage 也能执行。然而，如果第一个 stage 很大，消耗了所有可用的资源，对于给定优先级的 FIFO 队列而言，其他 job 将无法运行。

Fair 调度器就能解决上述问题。采用这个算法，每个 job 的任务按轮循方式处理。轮循（round robin）是指为第一个任务分配资源，接着为下一个任务分配资源，依此类推，直至所有任务都分配到资源，然后再从第一个任务开始分配剩余资源，直至所有资源被消耗完。这种方法使集群里的所有资源对于可用 job 来说是平等共享的。尤其是当其他短时运行的 job 使用最少的资源就能运行完时，它能防止长时运行的 job 消耗掉所有的资源。那些短时运行的 job 能迅速响应，因而满足更多场景。在共享、多用户环境上也强烈推荐使用 Fair 调度。SparkContext 的线程安全特性保障了这一点，使你能够安全地并行处理。

下面的例子演示如何为 SparkContext 配置 Fair 调度器：

```
val conf = new SparkConf()
conf.set("Spark.scheduler.mode", "FAIR")
val sc = new SparkContext(conf)
```

Fair 调度器的另一利器是调度池（scheduling pool）。这些池子允许用户定义每个池的权重，进而能够自定义给定集群中所有资源的分配。这对于那种“高优先级”队列——让短时运行的 job 快速完成，或者多用户队列来说，特别有用。

当设置 Fair 调度器后，每个 job 将被移至默认的池子中。为了启动这些分离的调度池，需要在给定线程的 SparkContext 中设置一个本地属性。然后此线程将一直使用指定的调度池直至被重置。下面是一个对给定 SparkContext 实例 sc 进行设置与重置调度池的例子。

```
// 设置调度池
sc.setLocalProperty("Spark.scheduler.pool", "<pool-name>")

...
<work for the given pool here>
...

// 重置
sc.setLocalProperty("Spark.scheduler.pool", null)
```

默认情况下，Fair 调度器的每个池子有相同的权重，在各调度池里，job 将采用 FIFO 的顺序执行。

为了使生产环境负载启用所有调度属性，Spark 能够通过一个 XML 配置文件预先设置这些属性。每个调度池都可以设置一个名字、调度模式、权重以及最少共享资源数量。

在配置的时候，所有的权重一开始的默认值都为 1。也就是说，集群中的每个调度池有相等数目的资源。然而，如果某个池子权重为 2，那么它将接受的资源就会是其他池子的两倍。它本身不是一个数字，而是一个比率，用以确定每个调度池的权重，由此得名。

最少共享资源数量（minimum share）设置最小共享资源数，它与权重高度相关，用于设置一个调度池可以拥有的最少 CPU 内核数。Fair 调度器在基于权重分配额外的资源之前，会尽量先满足所有调度池对最少共享资源的要求。在资源允许的条件下，它将保证调度池对最少共享资源的要求总是被满足。默认情况下，或者在不指定的情况下，每个调度池的最少共享资源数为 0。

我们看一下 XML 配置文件示例：

```
<?xml version="1.0"?>
<allocations>
   <!-- high priority queue -->
   <pool name="high-priority">
     <schedulingMode>FAIR</schedulingMode>
     <weight>4</weight>
     <minShare>64</minShare>
   </pool>

   <!-- medium priority queue -->
   <pool name="medium-priority">
     <schedulingMode>FAIR<schedulingMode>
     <weight>2</weight>
     <minShare>16</minShare>
   </pool>
   <!-- low priority queue -->
   <pool name="low-priority">
```

```
        <schedulingMode>FIFO</schedulingMode>
    </pool>
</allocations>
```

我们定义了 3 个调度池，它们分别有自己的调度模式、权重及最少共享资源数量。除此之外，Spark 官方在它的代码库里也提供了一个示例：https://github.com/apache/Spark/blob/master/conf/fairscheduler.xml.template。

当创建完配置之后，通过以下代码启用它使其生效，非常简单：

```
val conf = new SparkConf()
conf.set("Spark.scheduler.allocation.file", "/path/to/file")
```

通过上面的代码，我们创建了带有不同权重，分别标记为“high-priority”（高优先级），“medium-priority”（中优先级）及“low-priority”（低优先级）的 3 个调度池，并用一行代码启用了它们。之后，在每个 SparkContext 里面我们能基于上面的配置利用这些调度池。基于配置的调度系统与基于代码的调度系统之间最大的不同是，每个池子的名字现在是在外部文件中定义的。不过，在 job 里对于相同的调度池必须使用相同的名称来引用。参照前面的例子，我们可以用如下方式开启给定的调度池：

```
// 假设 SparkContext 为 'sc'
sc.setLocalProperty("spark.scheduler.pool","high-priority")
...
<work for the high priority pool>
...
sc.setLocalProperty("spark.scheduler.pool","low-priority")
<work for the low priority pool>
...
// 将这个调度池重置为默认设置
sc.setLocalProperty("spark.scheduler.pool", null)
```

示例场景

前面已经讨论了一些技术概念，帮助你理解如何把这些概念用到应用程序中。在此之上，我们用一个示例重点展示调度决策，同时用一些代码及伪代码来解释相关的原则。这个例子虽然是虚构的，但也反映了一定的真实场景，为处理不同类型的应用提供了基础解决方案。

我们的场景是一个对时间有严格要求的机器学习应用程序。这个应用程序的模型必须每 10 分钟重新训练及部署一次。它利用了 ensemble（装配）模型技术，即最终的模型建立在许多子模型之上。了解了一些通用的并行概念后，我们意识到，因为这是一个 ensemble 模型，所以能独立训练每个子模型。这样明显会比顺序模型训练的方式快很多。

那么，应当如何完成这项任务呢？在实现并行调度前，先看看通用的步骤：

```
import org.apache.spark.{SparkConf, SparkContext}
import org.apache.spark.ml.classfication.LogisticRegression
import org.apache.spark.mllib.linalg.{Vector, Vectors}
import org.apache.spark.sql.Row
import org.apache.spark.sql.SQLContext

val conf = new SparkConf()
val sc = new SparkContext(conf)
val sqlContext = new SQLContext(sc)

val train1 = sqlContext.createDataFrame(Seq(
   (1.0, Vectors.dense(0.4, 4.3, -3.4)),
    (1.0, Vectors.dense(1.2, 9.8, -9.5)),
    (0.0, Vectors.dense(-0.1, 12.4, -2.3)),
    (0.0, Vectors.dense(-1.9, 8.7, -4.6))
)).toDF("label", "features")

   val train2 = sqlContext.createDataFrame(Seq(
     (0.0, Vectors.dense(-0.2, 9.3, 0.9)),
     (1.0, Vectors.dense(1.1, 6.6, -0.4)),
     (1.0, Vectors.dense(3.8, 12.7, 2.0))
)).toDF("label", "features)

val test = sqlContext.createDataFrame(Seq(
     (0.0,  Vectors.dense(-0.2,  9.3,  0.9)),
     (1.0,  Vectors.dense(1.1,  6.6,  -0.4)),
     (1.0,  Vectors.dense(3.8,  12.7,  2.0))
)).toDF("label",  "features")

val lr = new LogisticRegression()

val model1 = lr.fit(train1)
```

```
val model2 = lr.fit(train2)

model1.transform(test)
    .select("features","label","probability","prediction")
    .collect()
     .foreach { case Row(features: Vector, label: Double, prob: Vector,
prediction: Double) =>
    println(s"Features: $features, Label: $label => Probability:
$prob, Predicition: $prediction")
    }

model2.transform(test)
    .select("features", "label", "probability", "prediction")
    .collect()
    .foreach { case Row(features: Vector, label: Double,prob:
Vector, prediction: Double) =>
     println(s"Features: $features, Label: $label => Probability:
$prob, Prediction: $prediction")
    }
```

对这个例子，我们在 Spark 程序里采用并行调度技术。这里在多线程中使用SparkContext，异步调用这些线程来同时训练所有模型：

```
import org.apache.spark.{SparkConf,SparkContext}
import org.apache.spark.ml.classification.LogisticRegression
import org.apache.spark.mllib.linalg.{Vector, Vectors}
import org.apache.spark.sql.Row
import org.apache.spark.sql.SQLContext

val conf = new SparkConf()
val sc = new SparkContext(conf)
val sqlContext = new SQLContext(sc)
val lr = new LogisticRegression()

val test = sqlContext.createDataFrame(Seq(
   (0.0,Vectors.dense(-0.2, 9.3, 0.9)),
   (1.0,Vectors.dense(1.1, 6.6, -0.4)),
   (1.0,Vectors.dense(3.8, 12.7, 2.0))
)).toDF("label", "features")

val modelExec1 = new Thread(new Runnable {
   def run() {
```

```
        val train = sqlContext.createDataFrame(Seq(
            (1.0, Vectors.dense(0.4, 4.3, -3.4)),
            (1.0, Vectors.dense(1.2, 9.8, -9.5)),
            (0.0, Vectors.dense(-0.1, 12.4, -2.3)),
            (0.0, Vectors.dense(-1.9, 8.7, -4.6))
        )).toDF("label","features")

        val model = lr.fit(train)

        model.transform(test)
             .select("features", "label", "probability", "prediction")
             .collect()
             .foreach { case Row(features: Vector, label: Double, prob:
Vector,prediction: Double) =>
             println(s"Features: $features, Label: $label => Probability:
$prob, Prediction: $prediction")
        }
      }
})
  val modelExec2 = new Thread(new Runnable {
    def run() {
      ...
      val train = sqlContext.createDataFrame(...)

      val model = lr.fit(train)

      model.transform(test)...
    }
})

modelExec1.start()
modelExec2.start()
```

从上面的例子我们可以看到，怎样利用简单的同步技术将应用并行化来加速程序执行。这主要是由于 Runnable 对象的`.start`方法的非阻塞特性导致的，这个对象会调用一个新线程来完成被分派的工作。

另一个例子涉及推荐系统的开发，它使用了一个中等规模集群上的 100 TB 数据集，这个集群有 10 个节点，每个节点有 64 GB 内存及 12 个 CPU。由于预算的关系，集群不能增加节点，没有节点可以放置训练推荐器时所需的大量数据，导致当前的系统一直失败。

如何通过调度来解决这个问题呢？由于本例对于计算时间没有限制，因此我们可以采用慢一点的方式来处理：先将数据集打散成数据子集，然后对这些数据子集增量式地构建推荐。你可以把这个实现作为一个练习，自己试一试。

为保证上面的场景能够顺利完成，需要对 SparkContext 对象进行多次同步调用。这样，你就能增量执行 Spark 应用及顺序管理子应用，其中由 driver 维护各个执行之间的中间状态。

在这两种场景下，关键点是增加对 SparkContext 对象的多个同步及异步调用，以及利用线程技术达到合适的资源利用率。至于哪种方式更好，完全取决于集群的资源分配情况。

在线性回归建模的场景下，更取决于对成功运行的要求，即在 10 分钟内完成模型的训练及重新部署。这无疑需要硬件方面的支持，但是必须达到前面所提的成功标准。对于第二个例子，关键要看硬件的限制而不是成功运行的要求。尽管完成这个 job 就算成功了，但是它需要利用 driver 和调度技术，确保成功的标准被满足。

用外部工具进行调度

通常，当上线一个应用时需要开发大量外部工具（utility），确保该服务运行并保持活跃，而且处于健康状态，对于 Spark 应用也是一样。

Spark 自带很多很好用的命令行实用程序及相关选项，但是这些选项的用途有限，不能涵盖生产线上应用的全部需求。

Linux 工具

有相当多基于 Linux 的工具可以让我们的应用程序顺畅运行，而且有一些工具非常出色，我们将会介绍几款在生产环境中最常见、功能强大的工具。

首先是备受信赖的 cron 工具。从 UNIX 7 开始就有它了，它在任务调度中扮演了重要角色。经过很多次版本更新，现在 cron 依然被广泛使用，而且在一般情况下表现都相当出色。在用户的 home 目录下，cron 工具维护着一个~/.crontab 文件，通过 DSL（domain specific language，领域特定语言）配置命令，使其在指定执行时间内执行。cron 脚本的示例如下:

```
$ cat ~/.crontab
00, 30 * * * 1-5 /path/to/executable/script1.sh
15 08 06 04 * /path/to/executable/script2.sh
```

上面代码中我们运行了两个例子。第一个例子中，名为 script1.sh 的脚本会在每个月每个工作日的每小时的第 0 分钟和第 30 分钟执行。第二个例子将在第 4 个月（四月）第 6 天的早上 8 点 15 分运行脚本 script2.sh。上面展示了 cron 的简单用法，没有什么细节。如果感兴趣的话，可以查阅 cron 手册：http://linux.die.net/man/1/crontab 。

当我们研究 cron 的一些问题时，会发现 cron 里没有分层 job 执行的概念，即在指定的 job 完成后再执行某个 job，可能还带有指定的返回码，这就是为什么会创建其他调度系统的原因，我们将在后面介绍这些系统。cron 也带来了热点问题（hotspotting）——多个 job 在给定的时刻同时执行，在单个节点上消耗了大量资源。

Airbnb 公司创建了 Chronos，这是 Mesos 资源调度器上 cron 的修改版。Chronos 在 2013 年 3 月开源，对于使用 Mesos 的 Spark 应用而言，它是传统 cron 命令的一种不错的替代方案。Chronos 不同于 cron 的一些关键特性如下：

- **允许开发人员使用 ISO8601 标准而不是自定义的 cron 语言去调度 job。** ISO8601 标准允许重复时间间隔表示（interval notation），这样就可以按设定的间隔及次数重复运行 job。
- **创建了 job 层次的概念。** 一旦依赖的上游父 job 完成，将触发下游 job。
- **支持任意长的依赖链。** 做开发时，如果要对一系列需要链接起来的 job 进行拆分，Chronos 确保总是能满足依赖链。

另一个比较出色的工具是 Supervisord（参阅 http://supervisord.org），它在 Linux 和 Windows 上都能运行。这个调度器专门负责重启失败的应用程序。尽管听起来它对于 Spark 各个部分都非常有用，但是实际上，它只适用于启动给定的 Spark job。

Supervisord 能非常便捷地基于 Spark 应用的退出码重启该应用。虽然并不是特别完美，但它从另一个层面上提供了保障，使应用程序能顺利运行直至结束。Supervisor 的专长是让开发人员少关注外部的（主要是操作系统）异常，把精力集中在核心代码库的功能上。实际上，ZooKeeper 推荐它的所有服务都通过一个 Supervisord 监控器启动。

这里，我们并没有详尽地列出所有外部调度功能，只是给开发人员抛砖引玉，提供基础背景以便根据自己需求进行深入探索。通常添加到系统中的调度依赖同开发的应用程序对应的业务及技术需求高度相关。本节我们不打算详尽讲解，而是提供功能介绍和概述来帮助你理解当前应用需要做的工作。

容错

一旦应用程序基于 Spark 框架构建完毕，则需要保证可正常迁移到生产环境，整个迁移过程中必须保证具备容错性这一核心特性。

容错究竟是什么？如果一个系统兼具可靠性（reliability）、耐用性（durability）和可用性（availability），那么就可以称其为容错的系统。容错的应用程序在实际环境中能够确保满足或超出客户的要求。这里所说的“客户”可以是人类用户，也可以是提供内容获取和推送服务的机器。

简单地说，容错可以看作是应用程序同外部交互保持稳定的能力。这里说“外部”，是因为即使由于一些原因（例如内部守护进程及报告特性）应用程序的内部没有正常工作，但是只要应用程序的客户或者消费者不知道或者感觉不到有问题，那么下游系统将仍认为它是一个稳定的系统。

内部容错与外部容错

对同一件事情来讲，内部和外部的概念是相对的，重要的是更好地理解各自的含义。当上线应用时，最好要对内部与外部容错需求有一个大致的了解。不过，不要与 SLA（服务水平协议）混淆了，我们将在下节介绍。

为什么要了解应用的内部与外部容错需求？因为它为应用的开发划分范围，并且提供一个清晰的路线图。为了有全面地了解，我们就来深入探讨内部与外部的含义。

先看一看内部容错，因为它直观且容易理解。在开发应用时，通常会假定所有功能的运转都是无缺陷的。这包括应用开发人员知道的所有特性、客户所能看到的特性，以及支持其他功能的一些后端特性（例如日志聚合、审计、预写式日志<write-ahead log>）。

从开发者的角度来看，如果一个功能特性不能正常工作，将会影响系统的稳定性。具体来说，如果一些特性没有达到期望的结果，整个系统的容错性将会因此而降低。因为开发人员把整个系统看成一系列相互关联的模块，有点儿类似于汽车引擎。

内部容错的概念就是由此得来的。把系统看作一系列互连的部件，我们就能衡量（定量或定性）这个系统，来表示系统在内外交互上的整体容错性。

下面我们对比外部容错的概念。这里的主要区别在于系统的视角。之前，我们是从系统每个组件的角度来看的，但如果从客户的角度，把整个系统看作一个黑匣子或者数据库，在我们提供输入后它会产生输出，会怎样呢？

在后一种情况下，系统的容错性可以简单定义为：随着时间变化，对于给定的输入，得到正确输出结果的百分比。也就是说，x 作为输入，$f(x)$作为对应的输出，y 是期望输出，t 是代表对时间的某种量度。

$$\frac{\sum_0^t (f(x) == y)}{t}$$

在上面的公式中，$f(x) == y$ 的值要么是 1 要么为 0，取决于输出是否与期望值相匹配。然后，我们把在这段时间内对这个等式的值求和，再除以 t，t 等于输入的个数，最终计算出系统的正确率。

再说一遍，这里的关键是衡量系统时所采用的角度。外部容错是把系统当作黑匣子来衡量的，仅仅考虑客户因素，即使用此应用的人类或机器。

了解内部及外部容错，对于理解产品上线过程中不同的系统测量方式、在上线周期中检测系统，以及当前（和未来）的客户对系统的理解，有很大的帮助。

SLA

在讨论应用的容错之前，需要理解衡量系统容错性的指标，即 SLA（Service Level Agreement，服务水平协议）。

从形式上来说，一个 SLA 就是一份双方签订的契约，用于决定应用的服务水平，或者可用服务时长。SLA 已被不少大型应用采用，最近主要是用在云应用上。例如，要是 Gmail 服务常常不可用，它的 SLA 就会比较低。而如果人们无法通过 Gmail 查看邮件，Gmail 将失去客户。相同的概念也能应用到 Amazon 网站上。在某些特殊的日子，例如“黑色星期五”（Black Friday）或“剁手星期一”（Cyber Monday），会有大量用户被吸引到它的系统上（许多人将会访问 `http://www.amazon.com`），这个时候系统能够正常提供服务是非常重要的。如果网站暂停服务，Amazon 作为一家公司就会赔钱，因为它无法为客户提供服务内容。

这些例子说明一个核心观念，即当我们上线 Spark 应用时，需要知晓及重视 SLA。它比最初的应用程序开发更重要，在大多数情况下，需要多方参与（产品所有者、管理人员、技术经理等）以决定应用的 SLA。

让 SLA 变得如此重要、需要特别关注（尽管它经常被忽视）的原因是，SLA 与业务希望降低的风险数直接相关。例如，如果开发人员的 Spark 应用上线后，是要为客户提供动态广告内容的，那么它的持续运行时间，即 SLA，将决定应用的有效性。或者，换句话说，这个 SLA 将决定应用不能正常服务的风险有多大。

由于这些原因，当决定将应用上线到生产环境时，无论是Spark还是其他应用，都必须讨论与了解SLA，因为它几乎会影响到应用的方方面面。你需要考虑将SLA从“99%在线提供服务”提高到“99.999%在线提供服务”所需的人力成本，以及它对目前已有设计决策的影响。

没人愿意重写代码，因此要尽量减少这种事情的发生。在项目一开始就尽可能早地了解你的公司与客户、你的团队与公司之间的SLA是非常有益的。这会帮助你在项目推进的过程中审查和调整项目的功能。

RDD

RDD（Resilient Distributed Dataset，弹性分布式数据集）是Spark的命脉。我们假设用过Spark的读者已经接触过RDD了，因为它是Spark应用的基石。

但是RDD到底是什么，是什么使它能弹性恢复呢？这实际上是一个非常根本性的问题，创建了RDD的那个研究，其实就是Spark作为计算框架的前身。根据Spark官方的重要论文（spark.apache.org），RDD是：

> **一个只读且分区的记录集。**

因此，RDD是只读且分区的。是这一点决定了它是弹性恢复的吗？更深入地理解RDD，我们知道它的一个关键特性就是能跟踪血统关系（lineage）。因为一个RDD只能在特定的命令下才能被实现，它需要跟踪这些命令的lineage，以便在发生错误时能够回溯处理。下面的代码展示了一个lineage的例子：

```
scala> val rdd = sc.textFile("<some-text-file>")
rdd: org.apache.spark.rdd.RDD[String] = MapPartitionsRDD[1] at textFile
at <console>:21

scala> rdd.toDebugString
res0: String =
(2) MapPartitionsRDD[1] at textFile at <console>:21 []
 |  spark-join.spark HadoopRDD[0] at textFile at <console>:21 []

scala> val mappedRdd = rdd.map(line => line++"")
mappedRdd: org.apache.Spark.rdd.RDD[String] = MapPartitionsRDD[2] at
```

```
map at <console>:23

scala> mappedRdd.toDebugString
res1: String =
(2) MapPartitionsRDD[2] at map at <console>:23 []
 |  MapPartitionsRDD[1] at textFile at <console>:21 []
 |  spark-join.spark HadoopRDD[0] at textFile at <console>:21 []
```

从上面我们可以看到，当讨论 lineage 时，我们可以通过`.toDebugString`方法来显示它。

以下是几个实现 RDD 的 API 命令的例子：

```
scala> val rdd = sc.textFile("sample.txt")
rdd: org.apache.Spark.rdd.RDD[String] = MapParitionsRDD[1] at textFile
at <console>:21

scala> rdd.count
res0: Long = 7

scala> rdd.collect
res1: Array[String] = Array(1 2 3 4, 2 3 4 5, 3 4 5 6, 4 5 6 7, 5 6 7 8,
6 7 8 9, 7 8 9 0)

scala> rdd.saveAsTextFile("out.txt")
```

正是有了 lineage，RDD 才能持续地响应系统的失败。当有任务失败且被资源调度器重启时，就会查看 lineage，来确定需要重做哪些事情才能完成这些任务。

除了跟踪 lineage 外，RDD 还能对 lineage 做 checkpoint（检查点）将其保存到磁盘上。它有点像数据的保存点，使得在 task 级别失败进行重新计算时更加简单。这一点对于长时运行的 Spark 应用程序及需要与大量数据交互的应用程序来说，特别重要。可以参考下面的代码示例，理解 checkpoint 机制的好处：

```
scala> sc.setCheckpointDir("checkpoint/")

scala> val rdd = sc.textFile("sample.txt")
rdd: org.apache.spark.rdd.RDD[String] = MapPartitionsRDD[20] at
textFile at <console>:21
```

```
scala> val mappedRdd = rdd.map(line => line.split(" "))
mappedRdd: org.apache.spark.rdd.RDD[Array[String]] = MapPartitionsRDD
[21] at map at <console>:23

scala> mappedRdd.collect
res14: Array[Array[String]] = Array(Array(1, 2, 3, 4),
Array(2, 3, 4, 5), Array(3, 4, 5, 6), Array(4, 5, 6, 7), Array(5, 6, 7, 8),
Array(6, 7, 8, 9), Array(7, 8, 9, 0))

scala> val stringRdd = mappedRdd.map(a => a.toSet)
StringRdd: org.apache.spark.rdd.RDD[scala.collection.immutable.Set
 [String]] = MapPartitionsRDD[22] at map at <console>:25

scala> stringRdd.toDebugString
res15: String =
(2) MapPartitionsRDD[22] at map at <console>:25 []
 |  MapPartitionsRDD[21] at map at <console>:23 []
 |  MapPartitionsRDD[20] at textFile at <console>:21 []
 | sample.txt HadoopRDD[19] at textFile at <console>:21 []

scala> stringRdd.checkpoint

scala> exit
warning: there were 1 deprecation warning(s); re-run with -deprecation
for details

$ ls checkpoint/
29f75822-99dd-47ba-b9a4-5a36165e8885
```

在上面例子中，我们读取了一个小文件，在它上面执行一些计算，然后对 RDD 做 checkpoint，将 lineage 保存在磁盘上。值得注意的是，粗体显示的方法 `sc.setCheckpointDir` 必须在 checkpoint 出现之前设置。在上面的例子中，这个目录是本地的，但是如果使用 HDFS，就需要设置成 Spark 应用能访问的 HDFS 路径。

还有一点值得注意，如果在 Spark 中使用 checkpoint 特性，在对 RDD 做 checkpoint 时，需要计算两次。所以，强烈推荐开发人员在 `.checkpoint` 命令之前执行 `.cache`。

RDD 的弹性恢复功能的最后一个支撑技术是，它能无缝地将太大而无法存于内存的分区落入磁盘。你可以按如下方式轻松设置 RDD：

```
scala> import org.apache.spark.storage.StorageLevel
import org.apache.spark.storage.StorageLevel

scala> val rdd = sc.textFile("sample.txt")
rdd: org.apache.spark.rdd.RDD[String] = MapPartitionsRDD[24] at
textFile at <console>:24

scala> rdd.collect
res13: Array[String] = Array(1 2 3 4, 2 3 4 5, 3 4 5 6, 4 5 6 7, 5 6 7 8,
6 7 8 9, 7 8 9 0)

scala> rdd.persist(StorageLevel.MEMORY_AND_DISK_SER)
res14: rdd.type = MapPartitionsRDD[24] at textFile at <console>:24
```

可以参照表 5-1 去理解 RDD 能使用的不同持久化模式。

表 5-1　RDD 持久化模式

MEMORY_ONLY	将 RDD 作为反序列化 Java 对象存在 JVM 里。如果整个 RDD 太大，内存里装不下，某些分区将不会被缓存，而是在需要的时候被重新计算。这是 RDD 的默认存储级别
MEMORY_AND_DISK	将 RDD 存为反序列化 Java 对象。当内存空间不足时，某些分区将保存到磁盘上，等需要时再读取
MEMORY_ONLY_SER	将 RDD 存为序列化的 Java 对象（每个分区一个字节数组）。虽然做序列化会消耗 CPU，但这样更省空间
MEMORY_AND_DISK_SER	与 MEMORY_ONY_SER 相似，只是当分区在内存里放不下时，会溢写到磁盘
DISK_ONY	将 RDD 存为反序列化 Java 对象，仅存放在磁盘上
***_2** **（例如，MEMORY_AND_DISK_2）**	为以上存储级别增加后缀“_2”，就能将每个分区复制一份，然后以相同的存储方式存入两个不同的集群节点
OFF_HEAP	将 RDD 序列化保存在 Tachyon 上。因为这种方式在性能方面有不少优点（比如减少了垃圾回收），因而很具有吸引力

对持久化而言，最大的问题是“哪个持久化级别最好？”通常的答案是，最适合你的应用负载（workload）的就是最好的，但我们现在关注的是生产环境下的应用，因此强烈建议放弃其他选项，将持久化级别设置为 MEMORY_AND_DISK_SER。推

荐它，有下面两个原因：

1. 在生产环境中，通常会假定应用程序运行在能充分扩展的硬件之上。具体来说，如果集群中的每台机器最少有 128 GB 的内存，CPU 为 16 核、2.5 GHz，硬盘为 2 TB、15000 RPM。在以上条件下，可以认为将 Java 对象从硬盘反序列回内存的影响是可忽略不计的。
2. 在生产环境中情况总是会发生变化，这并不少见，而且已经成为一种常态。并不是开发人员写不出完美的程序，而是这种可能性非常小。了解了这些不确定性，将状态序列化到磁盘是非常必要的。当程序失败时，强制要求捕获状态以供检索。对于处理长时运行的 job，这一点更加重要。做容量规划时也要考虑这个因素。例如，如果数据负载是每天 40 GB（在内存中），由于某些原因（比如，拒绝服务攻击）有一天数据负载峰值达到 300 GB。有磁盘备份的 RDD 就能优雅地处理这些异常而不是报告内存溢出（Out Of Memory，OOM）的异常。

对于上述内容有一点需要注意，即延迟需求。当你不得不回退到磁盘，而且将 RDD 反序列化来还原时，某些应用会在延迟窗口之外。在这些低延迟的例子中，特别是用到 Spark Streaming 组件时，最好用 MEMROY_ONLY_2 选项。通过在内存中保存两份 RDD 数据，减少了状态不可恢复的风险，但是如果数据规模过大，就会有很大的风险。所以，在开发时必须为系统做好容量规划。

你还可以选择 MEMORY_AND_DISK_2 选项，虽然这个决策比较有风险：如果应用可能没有失败，它的延迟需求就可能得不到保证。再说一遍，这纯粹是业务决策，如果不确定的话，对这两个选项都应该测试一下。

RDD 持久化重新分配

说到 RDD 持久化及推荐的存储方式，当第一次做 RDD 持久化时，可能会出现奇怪的错误，最好有点心理准备。这里，我们讨论的是持久化重新分配（persistence reassignment）问题。它是初次处理 RDD 持久化时经常会遇到的问题，也是最常见的需要修复的问题。当尝试对已经设定了持久化级别的 RDD 重新分配时，就会出现这个问题，如以下的代码段所示：

```
scala> import org.apache.spark.storage.StorageLevel
import org.apache.spark.storage.StorageLevel

scala> val rdd = sc.parallelize(Seq(Seq(1,2,3), Seq(2,3,4), Seq(3,4,5),
Seq(4,5,6)))
rdd: org.apache.spark.rdd.RDD[Seq[Int]] = ParallelCollectionRDD[31]
at parallelize at <console>:28

scala> rdd.persist(StorageLvel.MEMORY_AND_DISK_SER)
res15: rdd.type = ParallelCollectionRDD[1] at parllelize at
<console>:28

scala> rdd.persist(StorageLevel.MEMORY_ONLY)
java.lang.UnsupportedOperationException: Cannot change storage level of
an RDD after it was already assigned a level
```

对这个问题的解决可能不像在大项目中那么简单，唯一的办法是不再重新分配持久化级别，而是创建新的 RDD 对象，为它指定一个新的持久化级别。举个例子：

```
scala> import org.apache.spark.storage.StorageLevel
import org.apache.spark.storage.StorageLevel

scala> val rdd = sc.parallelize(Seq(Seq(1,2,3), Seq(2,3,4), Seq(3,4,5),
Seq(4,5,6)))
rdd: org.apache.spark.rdd.RDD[Seq[Int]] = ParallelCollectionRDD
[0] at parallelize at <console>:22

scala> rdd.persist(StorageLevel.MEMORY_AND_DISK_SER)
res0: rdd.type = ParallellCollectionRDD[0] at parallelize at <console>:22

scala> val mappedRdd = rdd.map(line => line.toSet)
mappedRdd: org.apache.spark.rdd.RDD[scala.collection.immutable.Set
 [Int]] = MapPartitionsRDD[1] at map at <console>:24

scala> mappedRdd.persist(StorageLevel.MEMORY_ONLY)
res1: mappedRdd.type = MapPartitionsRDD[1] at map at <console>:24
```

最后说明一下，即使有上面这些持久化的建议，但是它们远非“银弹（silver bullet）”，不能解决所有问题。现实中，只有应用的开发人员才了解工作负载及边界条件，特别是当迁移到生产环境负载上时。例如，我们没有提到的机器学习，在这些场景中，重复及速度可能才是关键。对于这些工作负载，对管道中时间敏感的部分仅仅将 RDD 持久化到内存可能更有意义。

既然我们讲述了 RDD 的弹性恢复，有必要简单介绍一下如何实现你自己的 RDD 版本（或者修改现有版本）。最基本的 RDD 不过是一个接口，它有 5 个方法，如表 5-2 所示。

表 5-2 RDD 方法

操 作	含 义
computer(Partition, TaskContext): Iterator	根据提供的任务上下文，计算给定分区的元素
getPartitions(): Array[Partition]	返回给定 RDD 的分区列表。这个方法只会被调用一次，所以耗时的操作可以放在这里实现
getDependencies(): Seq[Dependency[_]]	返回该 RDD 的依赖列表。这个方法与上面的一样，也仅仅被调用一次，把耗时操作放在这里也是安全的
getPreferredLocations(Partition): Seq[String]	给一个 RDD 分区，这个方法将返回该分区的首选位置列表
Partitioner: Option[Partitioner]	决定 RDD 如何分区的值，这个值一般为 hash 或者范围分区 scheme

因为 RDD 依赖于分区，所以上述 5 个方法中有 4 个是用于处理分区的。剩下的那个方法引入 lineage 相关的话题，讨论 RDD 的上游依赖（即父 RDD）。这是必需的，因为 RDD 是只读的记录集。

因此，当开发新 RDD（例如，创建 SchemaRDD）时，你需要实现上面的接口。它对于利用内部 RDD 实现的专有数据格式的生产环境应用是很重要的。当实现分区时，你需要格外了解自己的数据集，并确保默认的分区算法不会出现热点。

Batch vs. Streaming

有一点要特别注意，当考虑容错时，Batch（批量）跟 Streaming（流）是有区别的。Spark Streaming 只是 Spark 生态系统里的一个组件，它与其他 Spark 组件有些许不同。

当处理流式应用时，由于状态不断在变化，它们的容错及行为也被放大了。流式系统的性质也会进一步发生变化，这取决于对它的使用。例如，一个读取数百万广告点击并将其存入数据库进行分析的数据采集系统，与一个抓取用户页面浏览数据返回页面包含的恶意内容的评分系统，相差十万八千里。

流式解决方案的不同之处在哪儿呢？首先，在 Spark 里，数据都被表示成微批量数据（称为 DStreams），在 RDD 上的操作都不过是一个个微批量处理（窗口操作除外）。当从微批量（microbatch）思维的角度思考时，你需要关心应用程序的以下几个方面：

- **理解系统的吞吐量**。具体来说，就是要理解进入系统的消息的速率及大小。这是在对流式系统进行容量规划时需要做的很大一部分工作，但是更具体来说，它决定了系统在任意给定时刻的负载，及其外部框架（如果有的话）的负载。
- **在做测试时，用数据最长存储时间的 2 倍加 1 作为运行系统的时长**。大多数流解决方案想容纳所有数据，在这种情况下，我们已经看到至少连续运行两周就能解决大部分问题。如果数据会过期，就要确保系统最少运行两倍时长。例如，如果系统里存放了 30 天的应用数据，那就要让系统运行 61 天。这样能确保命中两个滚动周期以及成功处理 。
- **理解微批量的延迟窗口**。Spark 能达到每窗口 500 ms，但是了解可接受的最坏情形，并且测试这些案例，特别是在失败的场景（更多细节，请参见“可用性测试”一节）中的测试，这些都是非常重要的。

批量与流式应用最大的不同在于数据进入系统的方式。对于传统的 Spark 应用，RDD 维护上述这些容错属性，而 RDD 是不可修改的，并且能通过数据的 lineage 重新计算得出。但是，对于 Spark 流式应用，这些属性发生了变化。

在流式应用中，数据通过 receiver（接收器）来接收。receiver 是通过网络接收数据的组件（除 fileStreamReceiver 以外），从而改变了它们的可靠性属性。为了通过传统 RDD 获得类似的结果，流式 receiver 把从集群上收到的数据复制（默认情况下为两倍）到不同的工作节点。

这就产生了两个需要考虑的新场景。

1. 数据复制到一个 worker 节点，但不能再被复制到另一个 worker 节点。在数据复制完成之前，如果 worker 节点由于某种原因失败，就会出现这种现象。
2. 数据由单个输入源接收和缓存，但是在复制到另一个 receiver 时失败了。在这种情况下，需要 receiver 能从原始的数据源中恢复数据。这是两种解决方式容易让人不解的地方。

从上面两种场景中，Spark 维护了 reliable（可靠）与 unreliable（不可靠）receiver 的概念。Spark 文档非常漂亮地描述了两者：

> reliable receiver——receiver 仅仅在接收数据被成功复制后才会通知 reliable source（可靠源）。如果该 receiver 失败，源的缓存数据（未复制）将不会收到通知。所以，当 receiver 被重启时，源将重新发送这些数据，这个失败不会引起数据丢失。
>
> unreliable receiver——receiver 不发送通知，所以由于 worker 或 driver 的失败导致的 receiver 失败，可能会丢失数据。

此外，在考虑不同的 receiver 类型的数据丢失情况时，你需要理解当 worker 或 driver 失败后将会发生什么。表 5-3 根据 receiver 的类型对每一种情况进行了阐述。

表 5-3　receiver 的类型

	worker 失败	driver 失败
可靠的 receiver	没有数据丢失，数据从原始输入源重新加载	之前在内存中接收及复制的所有数据将会丢失
不可靠的 receiver	所有已被接收（被缓存）但没有被复制成功的数据都将会丢失	之前在内存中接收及复制的所有数据将会丢失，包括当前最新缓存的数据

Spark Streaming 在 Spark 1.2 版中引入了另一个关键特性：write-ahead log（预写

日志）。它们是被持久化到磁盘的有状态的日志文件（stateful log file），记录系统将要执行的动作及事件。

当一个可靠 receiver 准备从上游队列抓取消息时，就会用到 write-ahead 日志。在 write-ahead 日志中会记录，系统将从某个 ID Y 获取消息 X。如果在操作完成之前系统失败，当它重新上线后就会检查 write-ahead 日志找到断点。

如果 write-ahead 日志功能被启用（默认情况下是不启用的），driver 及 worker 失败时将不会有数据丢失。然而，这会导致 at-least-once processing（至少被处理一次）语义，将 Spark Streaming 应用从在开发环境迁移至生产环境时可能会引起困惑。

我们快速地深入看一看处理的语义（processing semantic），它们主要有如下三种类型。Spark Streaming 支持其中的两种（取决于实现的 receiver 类型）。

1. **At-least-once processing**（至少处理一次）。进入系统的每条消息或者记录至少被处理一次。由应用开发人员负责确保，当消息多次出现时，应用知道如何去处理。
2. **At-most-once**（最多一次）。对于进入系统的消息，最多处理一次。Spark Streaming 不支持这种情形。
3. **Exactly-once processing guarantee**（保证仅处理一次）。这意味着，即使失败，对于进入系统的消息也仅被处理一次。这是最难达到的，但是当刚开始开发 Spark Streaming 应用时，由于输入 receiver 在文件系统上是一种测试文件，这种情况很常见。

可以参阅如下代码去启用 write-ahead 日志：

```
import org.apache.Spark._
import org.apache.Spark.streaming._

val conf = SparkConf()
    .setMaster("local[4]")
    .setAppName("<your-app-name-here>")
    .set("Spark.streaming.receiver.writeAheadLog.enable", "true")
```

```
    .set("Spark.streaming.receiver.writeAheadLog.rollingIntervalSecs", "1")
val sc = new SparkContext(conf)
val ssc = new StreamingContext(sc, Seconds(1))
```

注意，上面的代码是在应用中使用的而不是像书中其他代码例子一样运行在 Spark shell 中。这是因为在本例中我们明确地创建了一个新的 SparkContext 和 StreamingContext，所以如果在 Spark shell 中运行本例代码，会由于在 JVM 中已经存在一个 SparkContext 类而报错。

测试策略

好了，检验我们开发工作的时刻到了。没有多少人喜欢测试，但是要将应用程序上线到生产环境，测试是绝对必要的步骤。我们将讨论不同的测试方法，如前面所述，哪些策略最适合你的应用程序，最终要由业务及开发人员来决定。实际上，这些都取决于你有多少资金支持，因为有些方法成本会非常高，并且/或者日后需要做大量的运维工作。

由于 AWS（Amazon Web Service）及其他云服务产品的出现，我们可以随时启动大集群去测试和部署应用，而无须拥有内部硬件。这可能是一个巨大的好处，但是正如大家知道的那样，天下没有免费的午餐。一旦测试的规模扩展到上百台机器，而且这些机器都拥有大量内存，那么将运行机器所需的成本与测试的必要性做一做比较，就很有必要。

在测试中，让所有开发人员都非常头疼的一个少不了的东西就是测试计划。虽然它很无趣，但有助于检查需要完成的工作，而且在一个有众多伸缩性里程碑的项目里，能起到指导作用。一旦应用程序准备进入生产周期，测试计划应该是第一个被创建的文档，以便测试阶段能尽早开始。

单元测试

你应该听说过单元测试。要确保它们覆盖到所有代码和每个独立的函数，而且对于预见到的边界值（负数、零、空字符串等）进行充分的操作。关于单元测试，已经有非常多的文档阐述，这里我们不会花太多时间讲述它们。

集成测试

集成测试是非传统测试中的第一层防御。这里的“非传统”是指，几乎所有开发人员或多或少都了解一点单元测试的概念，但是一说到集成测试，他们就没那么熟悉了。

集成测试基本上可以被定义为加入外部实体或平台的测试。一个应用被独立开发出来而不使用其他的库或者服务，几乎是不可能的，特别是在如今这个高度互联的世界。这意味着对于所使用的每一个外部服务，都应该进行测试来确保其连接性、使用模式等都能正常工作。

为巩固这个概念，我们来看一个使用 Kafka 作为上游消息队列的 Spark Streaming 应用。在这种情形下，你可能想测试这个 Spark 应用是否能用 Kafka 消息代理去执行如下的一系列功能：

- 应用能成功连接到作为单实例的消息代理（broker）吗？它能连接到多节点消息代理吗？
- 应用能从队列成功读取消息吗？这条消息是系统能理解的格式吗？
- 如果消息代理连接不上，应用还能存活吗？
- 应用如何处理上游代理的错误？

上面的列表还远不够详尽，但是希望它能为你理解集成测试提供一些帮助。

如果你使用 Scala 开发 Spark 应用，有很多不错的集成测试框架可用，例如 `scalatest`、Play 框架（见 `https://www.playframework.com/`）和 `sbt`。对于 Java 而言，JUnit 与 Mockito 库组合使用是最明智的方案。最后，如果使用 Python 开发，可以使用 `unittest` 及 `pytest` 框架，但是它们还有不少地方需要改进。

持久性测试

这些测试可能不为人所熟知，而且缺少文档。持久性测试（durability test）要求应用接受一系列定义的输入，返回一致的定义的输出。这看起来很简单，并且单元测试也覆盖到了该部分内容，但是持久性测试的关注点在于规模。

为了确保妥当地执行持久性测试，特别是考虑生产环境应用的持久性测试时，你需要在足够多相互隔离的机器上伸缩应用，去模拟生产环境。“隔离”（segregated）是指我们要使用的是联网的独立机器。它们可能是云服务提供商的虚拟机，也可能是单个机架（或跨多个机架）上的物理机，但必须驻留在不同的区域。这能确保这些网络通路也能像在生产环境中一样被合理地使用。

常常有人问，“我能在我的笔记本上虚拟化应用吗？”绝对不行！Spark 基于集群的布局采用不同的优化方式，尽管虚拟化可以帮助了解瓶颈和问题，但是用它来模拟生产环境只能是权宜之计，而且还可能出现网络错误。确保系统能在上规模环境中正确解决这些错误是很重要的。

为了正确地进行持久性测试，需要具备以下条件。

- **一个能充分模拟生产的环境**。这里指集群布局，不是指集群的大小。例如，生产环境是一个有 50 个节点的集群（50 是数据节点数），你就可以很容易地以 50%的集群规模去做持久性测试。因此，用 25 个数据节点的集群去做这个测试应该够了。有一条经验法则，持久性测试应当至少在最终环境状态的期望节点的 50%之上运行。
- **足够多且具有代表性的数据**。这些数据应该是被充分分类及理解的。持久性试验的关键是，定量地描述对于每一个输入到系统的元素都有一个与之对应的正确响应。在谈论流式解决方案时，要更加注意这一点。

我们来看一个例子，进一步阐释上面的内容。我们的 Spark 应用用了 GraphX 组件，其中每个节点表示一个用户，每条边表示两个用户之间的连接（一个社交网络图），如图 5-2 所示。

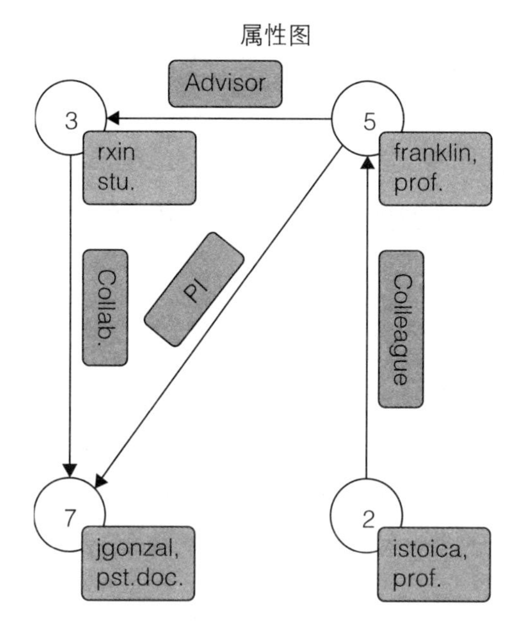

顶点表

ID	Property (V)
3	(rxin, student)
7	(jgonzal, postdoc)
5	(franklin, professor)
2	(istoica, professor)

边缘表

SrcId	DstId	Property (E)
3	7	Collaborator
5	3	Advisor
2	5	Colleague
5	7	PI

图 5-2　简单的属性图（源自 `http://Spark.apache.org/docs/latest/graphx-programming- guide.html`）

这个应用接受用户的查询，系统的响应为从该节点向外伸出的所有边（outward edge）。以上面的例子来说，当你查询 rxin 用户时，响应将是只有一个元素的列表 `[jgonzal]`。如果你查询 franklin，响应将是`[rxin, jgonzal]`。

为这种类型的应用构建持久化测试，需要做如下事情：

1. **编写一个应用去产生系统所需的数据（本例中为图结构）。本例的数据可以是从第一个用户向外连到第二个用户的<user><user>对的形式。**

2. **用上面的数据集来供应新系统**。这样能确保系统状态是已知的，以及启动测试前没有其他副作用。

3. **对于所生成的数据集中的每一行，查询系统的预期响应**。这一点是关键。在本例中，同一个值会有多个响应，但是对这些响应的有效性的检查会发生改变，这里用图不太好表现。因为在图系统中，系统通常采用的是"当 M < N，

N→M”这样的表述形式。这意味着原始信息中只有一部分被存储下来。这个特性与系统相关，也会随之而变。有些系统可能因为其状态比较多而有更多信息，而有些系统可能维持平衡（比如流式方案）。因此，在本例中，我们将使用第一个<user>对产生的数据集中的每一行进行迭代，在响应中查找第二个<user>是否存在。

对于上面的第一点，需要留意：当生产数据集时，它应当能代表生产环境。虽然实现起来有难度，但是可以参考以下几点。

- **生产环境中的数据不是均匀随机分布的**。也就是说，不要用随机生成器来生成数据。如果你有一些用户，像上例一样，那么可以使用库或者构建一些代表人口的数据。或者，更好的方法是，获取到历史人口普查数据，然后使用那些人名。
- **生成比你需要的更多的数据**。如果系统本来是要支撑 2 TB 的数据，那就至少多生成 50%的数据。持久化测试可能不需要太多数据，但是其他一些测试会用到。而且，如果生成数据很困难，最好一次就获得超出你所需要的数据量。

这里再重申一下，持久性测试的目标是确保对于系统的某些已知状态而言，所有的路径都是通畅的，对每一个输入所有的响应都是正确的。如果不能顺利完成这些，持久性测试就是不完整的。并且，每个系统都是不同的，开发一个通过 MLlib 运行机器学习 job 的核心 Spark 应用，与计算 CTR（广告点击率）的 Spark Streaming job 差别很大，与上面所述的 Graphx job 也很不一样。

模糊测试

模糊测试一直是安全专业人士的主流测试方法，在开发高伸缩性及大型生产应用时，大有用武之地。如果你是安全专业人士，可以跳过这一节。

模糊（Fuzzing），通常来说，是一种测试方法论，即对系统输入一些非正常值（可以说是相当混乱的值）进行测试。如果系统需要 ASCII 编码字符串的用户输入，当输入的是超出它处理能力的字符时会怎样呢（比如，像فصش这种符号）？如果系统把整数作为输入，要是这个整数超出了边界（整数溢出），会发生什么呢？

这种类型的测试常常被人遗忘，所以活跃在黑客马拉松上的安全专业的学生们，只要给他们一点奖金就能破解你的应用。为了让应用不那么容易被破解，为什么不在发布之前执行一些模糊测试呢？

模糊测试有一个很好的特性，就是它们既对系统整体（视为黑盒）做系统性测试，也集成了单元测试。这些测试能被视为同时进行内部与外部容错的测试和验证的方法。

当开发成功的模糊测试时，最好开发一个框架提供随机值作为输入，而不是用逆向输入（如果函数接受字符串，就输入数字，反之亦然）去显式地调用系统函数。下面是一些小技巧。

- **开发一个框架来测试所有的公共函数**。和单元测试一样，这意味着确保充分地覆盖重要代码。
- **随机性越大越好**。不要对生成的输入的随机性做任何限制。具体地说，输入的类型及长度都要有随机性。

模糊测试的总目标是，理解系统会在哪里崩溃，它是如何处理随机输入的，系统何处会存在不确定性。这些测试会让系统出现古怪的行为，如果不小心的话，甚至会损坏文件系统及数据。如果有可能，最好在隔绝的环境下运行这类测试，并且与重要资源隔离开（硬件、网络、数据等）。

可用性测试

可用性测试可能是最难写的测试，因为要花相当多的时间才能写出正确的可用性测试代码。因此，Netflix 开源了它的 Chaos Monkey 库（参见 `https://github.com/Netflix/SimianArmy/wiki/Chaos-Monkey`），来方便大家做这种测试。

什么是可用性测试？它是在一些关键的服务缺失的情况下对系统做的一种测试，就是要确保在这些不利条件下系统依然能提供正确的响应。简单来说，它是一种故障转移测试。在 Spark 中，会测试当 Spark master、driver 及 worker 失败时系统的响应，但是不仅仅只对这些关键服务进行可用性测试。对于应用使用的外部框架，也需要进行测试。

例如，如果系统周期性地 checkpoint 到 HDFS，你就应当去做对比性的可用性测试，确保当 Name Node（高可用模式下）或 Data Node 失败后，系统仍然可用。

可用性测试最大的优点在于，用简单的测试代码就能完成（如果已经完成持久化测试）。这是因为你可以在运行持久化测试时，重启带有关键资产的机器，这时可以做可用性测试。虽然不推荐这样做，但是它是“fast and dirty”（快速而粗糙）的首选方法。对于上线到生产环境的应用，这类测试是很重要的。

另一个需要提供可用性测试来评测的是系统响应时间。大多数系统上线时，都有令人讨厌的服务水平协议(SLA)，其中有一个落在 SLA 窗口之外的最短响应时间。可用性测试绝对需要测试所有失败场景下的响应时间。

为了开发具有规模的可用性测试，应当遵循下面的建议。

- **一切自动化**。这就是 DevOps 101，甚至不止这些。用 kill -9 去自动杀死服务当然好，但是在随机性的负载下，能够干净或不干净地上线/下线服务就更好了。
- **越随机越好**。与前面讲的生成数据时的随机性不一样，越随机越好是因为开发人员习惯于写他们认为重要的测试，常常只对他们认为的关键的时刻应用的可用性进行测试。这只能让系统在特殊条件下被测试，很可能测试得不充分，不能发现所有问题。
- **确保多个服务同时失效（go down）**。系统能处理单个服务的失效是很好的，但是让开发人员真正理解系统在哪里中断才是测试最应当做的事情。开发人员越害怕多个服务同时崩溃，就越应该测试这种情况。

总之，可用性测试的目的是测试系统应对各种服务失败的能力。在将应用系统上线到生产环境时，这种测试尤为重要。

推荐配置

这是关于容错的最后一节，我们将讲述怎样调优Spark应用，让它不仅能存活下来而且在生产环境中还有优异的表现。

现在，这里的所有配置与你的应用的需求相互独立。它们不是银弹，只不过是领域里的常用推荐配置。我们强烈推荐，对于每个配置的变更都运行前述的所有测试，检验这些变更是否会显著地提高应用的容错能力或降低性能。

我们不打算讲解每一个主要Spark组件的通用配置。你不可能在深入研究Spark时只使用核心API，虽然在配置Spark时几乎所有的配置都会对组件项目产生影响。对于一些例外，我们留给读者自己去做决定。这里说明一下，由于在写这本书的时候Bagel包已经被弃用，不管Spark 2.0是否会保留它，我们都不做任何配置说明。推荐将所有的Bagel应用迁移到更稳定且被积极支持的GraphX模块中。

Spark core

在上线应用时，对于Spark core有许多参数都需要考虑。讨论Spark的其他领域及组件时，也覆盖了其中的大多数问题。然而我们没有讲述安全相关的配置，因为它们是第4章的主题。我们将集中讨论增强应用的容错及可靠性方面的配置（见表5-4）。

表5-4　Spark配置参数列表

应用属性	描　　述
`spark.driver.cores`	在“集群”模式下管理资源时，用于driver程序的CPU内核数量。默认值是1，在生产环境的硬件上，这个值可能最少要上调到8或16
`spark.driver.maxResultSize`	如果应用频繁使用此driver程序，建议对这个值的设置高于其默认值“1g”。0表示没有限制。这个值反映了Spark action的全部分区中最大的结果集的大小
`spark.driver.memory`	driver进程使用的总内存数。和内核数一样，建议根据你的应用及硬件情况，把这个值设为“16g”或“32g”。默认值为“1g”

续表

应用属性	描　述
spark.executor.memory	每个 executor 进程所使用的内存数。默认值也为“1g”。根据集群的硬件情况，应该把这个值设置为“4g”、“8g”、“16g”或者更高
spark.local.dir	这是 Spark 原生写本地文件，包括在磁盘上存储 RDD 的地方。它应该是能快速访问的磁盘，虽然其默认值为“/tmp”。强烈推荐把它设置在快速存储（首选 SSD）上，分配大量的空间。在序列化对象到磁盘时，就会落入这个位置，如果这个路径下没有空间，应用将出现不确定的行为
运行时环境	
spark.executor.logs.rolling.*	有四个属性用于设定及维护 Spark 日志的滚动。当 Spark 应用长周期运行时（超过 24 小时），应当设置这些属性
spark.python.worker.memory	如果使用 Python 开发 Spark 应用，这个属性将为每个 Python worker 进程分配总内存数。默认值是“512m”
Shuffle 行为	
spark.shuffle.manager	这是 Spark 里 shuffle 数据的实现方法，默认值为“sort”。这里提到它是因为，如果应用使用 Tungsten，应该把这个属性值设置为“tungsten-sort”
spark.shuffle.meoryFraction	这是 shuffle 操作在溢写磁盘时 Java 堆占总内存的比例。默认值为 0.2。如果该应用经常溢出，或者多个 shuffle 操作同时发生，应该把这个值设得更高。通常，可以从 0.2 升到 0.4，然后再到 0.6，确保一切保持稳定。这个值建议不要超过 0.6，否则它可能会碍事，与其他对象竞争堆空间
spark.shuffle.service.enabled	在 Spark 内开启外部的 shuffle 服务。如果需要调度动态分配，就必须设置这个属性。默认设为“false”
压缩及序列化	
spark.kryo.classesToRegister	当使用 Kyro 做对象序列化时，需要注册这些类。对于 Kryo 将序列化的应用所用的所有自定义对象，必须设置这些属性
spark.kryo.registrator	当自定义类需要扩展“KryoRegistrator”类接口时，用它代替上面的属性

续表

应用属性	描　述
spark.rdd.compress	设置是否应当压缩序列化的 RDD。默认值为 false，但是和前面说过的一样，如果硬件充足，应该启用这个功能，因为这时的 CPU 性能损失可以忽略不计
spark.serializer	如果设置这个值，将使用 Kryo 序列化，而不是使用 Java 的默认序列化方法。强烈推荐配置成 Kryo 序列化，因为这样可以获得最佳性能，并改善程序的稳定性
执行行为	
spark.cleaner.ttl	Spark 记录任何对象的元数据的持续时间（按照秒来计算）。默认值设为“infinite”（无限），对长时运行的 job 来说，可能会造成内存泄漏。适当地进行调整，最好先设为 3600，然后监控性能
spark.executor.cores	每个 executor 的 CPU 核数。这个值默认基于选择的资源调度器。如果用 YARN 或者 Standalone 集群模式，应当调整这个值
网络	
spark.akka.frameSize	Spark 集群通信中最大消息的大小。当程序在带有上千个 map 及 reduce 任务的大数据集上运行时，应该把这个值从 128 调为 512，或者更高
spark.akka.threads	用于通信的 Akka 的线程数。对于运行多核的 driver 应用，推荐将这个属性值从 4 提高为 16、32，或更高
调度	
spark.cores.max	设置应用程序从集群所有节点请求的最大 CPU 内核数。如果程序在资源有限的环境下运行，应该把这个属性设置最大为集群中 Spark 可用的 CPU 核数

再次说明，这个列表并没有详尽列出 Spark 的所有可配置参数，但是从其中可以看到产品上线到生产环境过程中的一些最重要的配置。如果想浏览完整的配置参数列表，可参考 Spark 文档：`http://Spark.apache.org/docs/latest/configuration.html`。

总结

本章讲述了很多内容，从为Spark提供容错能力的主要架构组件到Spark core的各种配置选项。但这仅仅只是开始。如果你正在读这本书，而且有一个需要上线到生产环境或者正在开发之中的应用程序，建议回退一步，看看你的应用目前是否考虑到了我们讨论的那些注意事项。你应该能回答以下问题：

- 应用的SLA（服务水平协议）是什么？
- 如果应用不满足SLA，业务会面临什么风险？
- 应用内使用了哪些组件？它们全都是必要的吗？
- 你的应用必须支持的内部及外部容错保障是什么？
- 你的应用有哪些边界条件？如果没有，应用是否被充分地测试了？

以上仅仅是需要评估的众多问题中的一部分。学习和理解这些知识，在需要的时候，为你的公司和应用定义一份自己的检查列表是非常必要的。每个应用在上线时遇到的问题各有不同，要让它们面对所有威胁时都具有容错性，所采取的方法也不尽相同。

最后，容错与应用的安全是直接相关的，你在第4章中已经看到了。你的应用程序还不清楚交互（还记得外部容错吗？）与风险之间的区别。因此，你需要评估能影响系统容错的被视为风险向量的所有交互。

第 6 章

超越 Spark

前面的章节介绍了让 Spark 高效运行的各种技术。这些准备工作已经就绪，是时候开始运行我们的 Spark 应用了。一般来说，Spark 应用做的是机器学习算法、日志聚合分析或者商务智能相关的运算，因为它在许多领域都有广泛的应用，包括商务智能、数据仓库、推荐系统、反欺诈等。Spark 拥有一个庞大的、不断增长的社区，还有在企业环境中不可或缺的生态系统。这些生态系统提供了不同生产环境案例所需的许多功能。这里，我们首先需要了解如何利用这些活跃的 Spark 外部资源库！

在本章，我们将介绍一些 Spark 案例研究和框架，涵盖数据仓库和机器学习等主题。Spark 在这些领域能帮助你解决不少问题。尽管 Spark 是一种相对较新的工具，但已经有不少应用场景了，接下来我们会介绍它们。对 Spark 应用来说，有些框架很重要，需要好好地研究和探索。

数据仓库

对任何业务来说，数据分析都是一个核心环节。对分析型的应用来说，数据仓库系统就是其核心系统。Spark 有众多的框架和生态系统，所以它能作为核心组件为企业环境提供数据仓库功能，如图 6-1 所示。

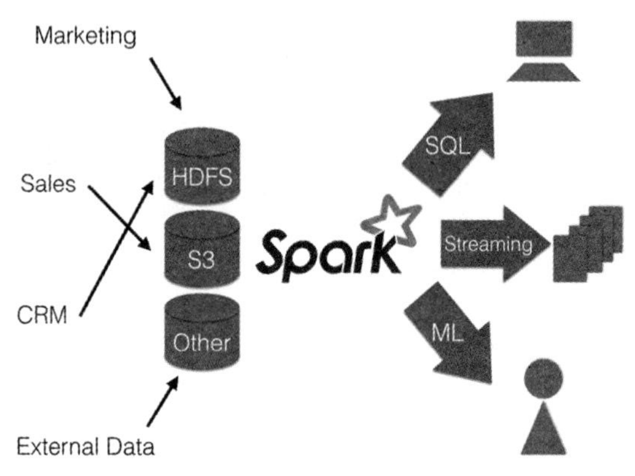

图 6-1　Spark 可以用作数据仓库核心组件

当然，与其他现有的工具相比，Spark 提供的功能有较大不同。SQL 是很多数据分析师、数据科学家和工程师使用的细粒度数据分析方法。Spark 也可以用作数据仓库框架，支持 SQL 处理，名为 SparkSQL。

Spark 内核已经集成到其他分布式文件系统中，例如 HDFS、S3。如果你的业务数据本来就保存在这样的系统中，很容易将现有业务流程转移到 Spark 环境，因为你只需要在数据存储系统上启动 Spark 集群即可。针对开发人员，Spark 还提供了一个友好的 API，可以用数据科学家们喜爱的 Python 和 R 来访问它。这个功能存在很长一段时间了。如果你习惯使用这些语言，那么选择 Spark 作为自己的数据仓库引擎还是很容易的。

你可以使用熟悉的接口在 Spark 上处理更大的数据集。SparkSQL 特有的接口是 DataFrame（数据帧），这是受 R 语言启发而引入的。建议使用这个接口来访问结构化数据。我们将在下一节详细介绍 DataFrame。先来看一个纯 SQL 接口。Spark 大致提供了三种类型的 DW（数据仓库）功能：SparkSQL、DataFrame 及 Hive On Spark。如前所述，尽管 DataFrame 一开始是使用 SparkSQL 来开发的，但它与机器学习管道的关联度更高。我们将把它与 ML / MLlib 放到一起介绍。本节介绍 SparkSQL 和 Hive on Spark，重点关注怎样配置集群。在尝试 Spark 的这些 SQL 功能之前，需要下载带 Hive profile（配置）的预编译包，或者用 Hive profile 去构建这个包。如果你要自己创建，可以使用如下命令：

```
$ build/mvn -Pyarn -Phive -Phive-thriftserver \
            -PHadoop-2.6.0 -DHadoop.version=2.6.0 \
            -DskipTests clean package
```

一定要安装 Zinc，它是一个长时运行的服务器程序，用于 `sbt` 的增量编译。如果你用的是 OS X 系统，可以用命令 `brew install zinc` 来安装它。

在运行这条命令后，可以得到一个带有 Hive 类的 Spark 二进制包。你或许会发现能用`-P` 配置及`-DHadoop.version` 环境变量轻松选择 Hadoop 版本。最好依据 Hadoop 集群及 Hive 功能选择你所需要的版本。换句话说，如果想在 Hadoop 2.7.0 上运行 Hive 0.13，可以使用如下命令：

```
$ build/mvn -Pyarn -Phive -Phive-thriftserver \
            -PHadoop-2.7.0 -DHadoop.version=2.7.0 \
            -DskipTests clean package
```

SparkSQL CLI

在本地机器上，SparkSQL CLI 是使用 SparkSQL 最简单的方法。它是启动本地模式的 Hive metastore（元数据存储）及接收 SQL 查询的便捷工具。Hive metastore 是一个存储系统，存储所有数据库及表的元数据信息。如果在生产环境下使用，metastore 必须托管在一个 RDBMS 上（关系型数据库管理系统，例如 MySQL）。在这种情况下，我们可以忽略它，因为 `spark-sql` 将自动启用本地 metastore。像 `hive` 命令一样，使用它来研究功能是可以的，但是不适用于生产环境。你必须在 Spark 目录下输入如下命令：

```
$ ./bin/Spark-sql
  ...
  spark-sql>
```

在控制台上可能有几种类型的日志。出现一堆调试日志（debug log）与信息日志（info log）日志之后，可以查看是否有 SparkSQL CLI 的提示符。

Thrift JDBC/ODBC 服务器

Spark 的 Thrift 服务器是 HiveServer2。HiveServer2 是一个等待用户提交查询请求的守护进程。你可以通过 JDBC/ODBC 接口访问 HiveServer2。这意味着使用现有的 JDBC/ODBC 服务器及 BI（商务智能）工具能访问 SparkSQL 引擎，而且这样做可以节约成本。你不需要为销售团队的分析人员准备新的连接工具。为了启动 Thrift 服务器，要在 Spark 目录下输入以下命令：

```
$ ./sbin/start-thriftserver.sh
```

这个命令将启动 Thrift 服务器来运行 SQL 驱动器。默认情况下，在 `localhost:10000` 上启动此服务器，也可以改变这个端口号和其他配置。为测试 Thrift 服务器，应该使用 Spark 目录下的 `beeline`，它是提交 Hive 查询的一个简单命令行工具，尽管 `beeline` 最初不是由 Hive 项目开发的。

```
$ ./bin/beeline
```

`beeline` 是 JDBC 客户端。使用它，只需要指定主机名和端口号就能自动连接到 Thrift 服务器。如果没有修改 Thrift 服务的默认端口，就可以直接执行以下命令：

```
beeline> !connect jdbc:hive2://localhost:10000
```

接下来，`beeline` 会要求你输入用户名和密码。如果在非安全模式下运行 Thrift 服务，只需要输入用户名。

Hive on Spark

Hive 是用于管理分布式存储（例如 HDFS）中的大型数据集的数据仓库软件。Hive 一开始被开发来作为生成 Hadoop MapReduce 数据处理任务的简单接口。Hive 有很长的历史，差不多跟 Hadoop 一样悠久。之后，一个更灵活、可靠的框架 Tez 被引入进来，它曾试图取代 MapReduce 框架。Apache Tez 是一个比 MapReduce 更复杂的通用执行引擎。由于 Tez 旨在成为通用的执行引擎，如果正确地创建了执行计划，我们就能用它作为 SQL 执行引擎。从 Hive 1.1 开始，Hive 也支持将 Spark 作为查询执行引擎。这意味着 Hive 目前支持三个执行引擎：Hadoop MapReduce、Tez 和 Spark。虽然 Hive 还没有全部完成，仍然在开发过程中（详情及进度可以查看 Hive-7292），但是现在 Hive 能充分利用 Spark 的速度及可靠性。下面是在本地机器上使用 Hive on Spark 的步骤。

首先，需要启动 Spark 集群。请注意，你必须下载不包含 Hive JAR 包的 Spark 版本。为了从 Spark 二进制包中排除 Hive JAR 包，输入下面的命令：

```
$ ./make-distribution.sh --name Hadoop2-without-hive \
                            --tgz -Pyarn -PHadoop-2.6 \
                            -Pparquet-provided
```

用这个命令可以编译你自己的不含 Hive JAR 的 Spark 二进制包。但是在 YARN 上启动 Spark 集群最简单的方法是使用 Spark 目录下的 ec2 脚本：

```
$ ./ec2/spark-ec2 -key-pair=<your key pair name> \
                    -identity-file=<your key pair path> \
                    --region=us-east-1 --zone=us-east-1a \
                    -hadoop-major-version=yarn \
                    launch hive-on-spark-cluster
```

关于如何使用 `spark-ec2` 脚本，可参考 Spark 官方文档（`https://Spark.apache.org/docs/latest/ec2-scripts.html`）。这个脚本是为了在 EC2 实例上更容易地启动 Spark 集群而写的。要使用它的话，需要有 AWS 账户，以及从 AWS 控制台获得 AWS 密钥对。详情请阅读上述官方文档。

几分钟后，你就有一个运行在 YARN 上的 Spark 集群了。这个集群默认不含 Hive。你需要在此 Spark 集群上安装 Hive 包。可以将 Hive 下载到 Spark master 服务器上，然后通过 Hive CLI（命令行接口）来启动：

```
wget http://ftp.yz.yamagata-u.ac.jp/pub/network/apache/hive/hive-1.1.1/
apache-hive-1.1.1-bin.tar.gz
$ tar zxvf apache-hive-1.1.1-bin-tar.gz
$ cd apache-hive-1.1.1-bin.tar.gz
$ bin/hive
hive> set Spark.home=/location/to/SparkHome;
hive> set hive.execution.engine=Spark;
```

当你试着按照上述过程使用 Hive on Spark 的时候，可能会遇到麻烦。因为有一些情况下，当你自己启动 Hadoop 集群的时候，Hadoop 和 Hive 的版本之间会发生冲突。所以，应该考虑使用 CDH 及 HDP 这样的发行版，它们包含 Spark 和 Hive，而且所有组件之间的兼容性与功能都是经过测试的，这是最便捷的途径。但是这些系统还在不断发展，并且组件间会有比较复杂的依赖关系，因此有必要了解组件间的依赖关系。

机器学习

在大数据领域的下一代数据处理技术中，机器学习扮演了重要角色。当收集大量的数据时，对系统性能会有显著影响。这意味着，收集大量的关于处理能力的数据，可以使一个机器学习模型更加出色。通过提供一种简单而通用的分布式框架，Hadoop 及其生态系统实现了基本的环境（用大数据做机器学习）。Spark 进一步推动了这种趋势。所以，在本章中我们要关注的是，对机器学习算法的使用和创建流程的一些具体工作。当然，对机器学习而言，Spark 还有很多地方有待完善。但它的内存处理（on-memory processing）体系结构很适合解决机器学习问题。本节我们的下一个案例将重点看一看 Spark 中的 ML（机器学习）。对开发者来说，机器学习本身需要一定的数学背景及复杂的理论知识，乍一看并不是那么容易。只有具备一些知识和先决条件，才能在 Spark 上高效地运行机器学习算法。

我们将介绍以下几个主要的机器学习的概念。

- DataFrame 框架：它使创建及操作现实中的结构化数据更简单。这个框架提供了一个先进的接口，有了它，我们就不用关心每一种机器学习算法及其优化机制之间的差异。由于这种固定的数据模式（data schema），DataFrame 能根据数据优化自己的工作负载。
- MLlib 和 ML：集成到 Spark 内的核心机器学习框架。这些框架从本质上来说是 Spark 外部的框架，但是由于它们由 Spark 的核心提交者（committer）团队所维护，它们是完全兼容的，并且可以经由 Spark 内核无缝使用。
- 其他可用于 Spark 的外部机器学习框架：包括 Mahout 及 Hivemall。它们都支持目前的 Spark 引擎。在一些 MLlib 及 ML 无法满足的情况下，可以选择这些外部库。

DataFrame

DataFrame 本来是 R 语言里的概念（在 R 中叫作 data.frame），在一些 Python 框架中，比如 Pandas，也有其具体实现。DataFrame 就像是按照命名的列组织成的一张表。现实中的数据常常被存储成某种结构化格式，以便能用 SQL 处理。你可以使用 DataFrame 接口透明地利用这些数据来训练机器学习模型。由于 Spark 提供了通用的分布式处理框架，所以把数据提取为 DataFrame 是非常好的方法。在 DataFrame 里面，你无须关心性能的可伸缩性，也无须重写代码进行扩展以适应分布式环境中的大规模数据集。在开发测试或调试阶段，以及为用户提供服务的生产阶段，可以使用相同的代码。DataFrame 可以从 RDD、Hive 表和 JSON 中创建。由于 DataFrame 支持多种数据格式，你的数据类型可能已经被包含在里面了。这意味着可以直接用 DataFrame 处理你的数据。你必须做的第一件事是创建 SQLContext 类，用于管理 DataFrame。当然，用任何继承 SQLContext 的类也是可以的。这个类可以从 SparkContext 创建而来，如下所示：

```
// 如果你使用的是 spark-shell 工具
// 它已经定义好了
val sc: SparkContext
// sqlContext 也是在 spark-shell 中定义的
val sqlContext = new org.apache.spark.sql.SQLContext(sc)
// 必须隐式地将 RDD 转为 DataFrame
import sqlContext.implicits._
```

这里，SparkSQL 还有一个特性。你也能用 HiveQL。HiveQL 是为 Hive 开发的一种 SQL 方言（dialect），它有许多独特的功能及用户定义的函数。为了使用 HiveQL，需要创建 HiveContext，就像 SparkContext 一样。它是 SQLContext 的超集（superset）。SparkSQL 提供了几种方言功能，可以用 spark.sql.dialect 选项去解析 SQL 的变体。SparkSQL 目前仅提供了一种带有此选项的方言：sql。当你使用 HiveContext 时，默认的参数是 hiveql。

在 Spark 目录下有一些数据文件可用于 DataFrame，你可以把它们作为 DataFrame 样本。这些数据放在 examples/src/main/resources/ 目录下。

```
// DataFrame 可以读取 json 文件，而无须显式指定 schema
val df = sqlContext.read
        .json("examples/src/main/resources/peope.json")
df.show()
// age name
// null Michael
// 30 Andy
// 19 Justin
```

在 Scala、Java、Python 和 R 语言中，DataFrame 特性能被用作其他 API 组件。本例的代码是使用 Scala 编写的，它是 Spark 最流行的语言。DataFrame 为用户提供了类似 SQL 的接口。例如，当你访问上面所有人的名字时，可以这样做：

```
df.select("name").show()
// name
// Michael
// Andy
// Justin
```

DataFrame 可以转换为 Spark 分布式数据处理中经典的 RDD。有两种方式可以实现这种转换。第一种是用 JVM 的反射特性去推断 DataFrame 模式（schema）。DataFrame 有一种像 SQL 表一样的结构，但是由于有类型推断系统，所以我们不需要指定模式。特别是在 Scala 里面，可以使用 `case` 类去推断给定的 RDD 的模式。Scala 的 `case` 类是一种特别的类，可以生成一个固定的结构及成员自己的访问器（可参考 `http://docs.scala-lang.org/tutorials/tour/case-classes.html`）。如果使用 Scala 作为 Spark 接口，这可能是最简单的方法：

```
case class Person(name: String, age:Int)
val people = sc.textFile("examples/src/main/resources/people.txt")
  .map(_.split(",")).map(p => Person(p(0), p(1).trime.toInt)).toDF()
people.select("name").show()
```

第二种方法是通过指定数据类型来转换 RDD。在 `people.txt` 内的每个元素通过 `map` 方法可以轻易转换成 RDD。这种方法在使用 Scala 的 `case` 类去定义表的模式时很重要。其次，可以指定模式 `org.apache.spark.sql.type.*`，将 RDD 转换成 DataFrame：

```
val people = sc.textFile("examples/src/main/resources/
        people.txt")
import org.apache.spark.sql.type.{StructType, StructField, StringType}
// 定义数据模式
val schema = StructType(Seq(
    StructField("name", StringType, true),
    StructField("age", StringType, true)))
// 首先作为 Row 类 import
val rowRDD = people.map(_.split(","))
    .map(p => Row(p(0), p(1).trim))
// 使用前面的定义创建 DataFrame
val peopleDataFrame = sqlContext
    .createDataFrame(rowRDD, schema)
```

一般来说，使用类型推断的方式将 RDD 转换为 DataFrame 会更简单些，因为需要写的代码量少很多。然而，在有些情况下，你需要更灵活地定义自己的 DataFrame。例如，在 Scala 2.10 中，`case` 类的成员变量不能超过 22 个。这是 Scala 本身的限制。在这种情况下，有必要用 `StructTypes` 编程来定义自定义表。

MLlib 和 ML

MLlib 和 ML 都是 Spark 社区开发的机器学习框架。它们已经被包含在 Spark 源码中了。你可以查阅 MLlib 中实现的算法（`https://spark.apache.org/docs/latest/mllib-guide.html`）。ML 是建立在 RDD 之上的 MLlib 复杂接口版本。尽管 ML 是更新的框架，但是它并不打算替换及淘汰 MLlib。因此，你可以继续使用 MLlib，并不需要担心。如前所述，用 DataFrame API 接口去训练模型非常实用，因为它隐藏了不同问题间复杂的接口差异性。ML 以一种简单的方式提供了这种功能，而且保留了可伸缩性。所以，MLib 与 ML 框架之间的区别是：

- MLlib 提供的是建立在 RDD 之上的原始的 API。
- ML 提供的是建立在 DataFrame 之上的高级 API。

ML 还提供了构造 ML 管道的接口。在机器学习场景中，数据预处理对获得高准确度至关重要。原始的数据通常有噪音，会影响已训练模型的准确度，而且数据格式与我们想要的也不一样。因此，将数据传给模型训练算法之前，对数据做预处理是很有必要的。但这通常是艰难的工作，尽管它不是开发工作的核心部分。管道接口（pipeline interface）就是被开发出来做这件事情的。它使得模型的验证周期更短。关于 ML 的概念可以参考文档 `https://spark.apache.org/docs/latest/ml-guide.html`。管道提供了某种类型的组件。下面介绍其中的几个重要组件。

- **Transformer**：它把一个 DataFrame 转换为另一个 DataFrame。例如，HashingTF 基于词频将字符串（string）转换为 map，map 中包含了它们的词频。这个 `Transformer` 可用于自然语言处理，所以机器学习模型也被归类为 `Transformer`。
- **Estimator**：它们是可以在一个给定 DataFrame 上产生 `Transformer` 的核心训练算法。在这种情况下，`Transformer` 是一个可以用于预测的机器学习模型。`Estimator` 用于通过训练生成适用的机器学习模型。
- **Pipeline**：一个 Pipeline（管道）包含多个 `Transformer` 和 `Estimator`，以便指定一个机器学习的工作流。这个组件指定了预处理单元的序列，也会自动保持已训练的模型生成的预测 stage 序列。
- **Parameters**：所有的 `Transformer` 及 `Estimator` 都包含一个通用 API 用于设定参数。你可以指定不同类型的参数，例如，双精度、整型、字符串。

一个 Pipeline 被指定为一系列 stage。每个 stage 都是由一个 `Transformer` 或者一个 `Estimator` 组成。在训练模型的过程中，会调用 `Transformer#transform` 及 `Estimator#fit`。因此，如果你想使用一个定制的 `Transformer`，就必须实现自己的 `Transformer`，它可以覆盖 `transform` 方法。该训练过程如下。

为了创建这个管道，可以用下面这样的代码片段：

```
import org.apache.spark.ml.classification.LogisticRegression
import org.apache.spark.ml.param.ParamMap
import org.apache.spark.mllib.linalg.{Vector, Vectors}
import org.apache.spark.sql.Row
val pipeline = new Pipeline()
       .setStages(Array(tokenizer, hashingTF, logRegression))
```

Pipeline 还实现了 fit 方法。这样，你就能直接调用 fit 方法去训练整个模型。在这段代码中，tokenizer 和 hashingTF 都是 Transformer。logRegression 是 Estimator 的对象。稍后将介绍每个类的细节。创建 Pipeline（管道）的模板，是在核心的机器学习算法 Estimator（例如，逻辑回归算法、随机森林算法等）之前，放置几个 Transformer 作为预处理组件。

ML Pipeline 最重要的部分是，可以方便地利用预处理组件的伸缩性，这些组件也是 Spark 社区开发的。每个 Transformer 接收一个 DataFrame，然后输出另一个 DataFrame。通常，输入列及输出列的名称需要作为参数被指定。以下是许多案例中将会用到的 Transformer 列表。

Tokenizer，RegexTokenizer：这个 Transformer 能当作文本处理的一个简单的形态分析工具来使用。为了训练机器学习模型，所有输入必须是某种类型的特征向量（feature vector）。这个词语序列（sequence）必须通过给定的规则转换成一个词语列表（list）。Tokenizer 通过空格分割文本。RegexTokenizer 通过给定的正则表达式来分割文件。

```
val tokenizer = new Tokenizer()
      .setInputCol("sentence").setOutputCol("words")
val regexTokenizer = new RegexTokenizer()
      .setInputCol("sentence").setOutputCol("words")
      .setPattern(",")// Tokenize csv like format
```

HashingTF：它把词语列表转换成固定长度的特征向量，代表 bag-of-words（词袋）模型。这个特征向量是给定的文本中每个词的直方图。换句话说，这个 transformer 对每个词出现的次数进行记数。即如果给定的文本为“a b c b d c”，那么输出就是 [1, 2, 2, 1]，每个索引对应相应的单词项（a 出现 1 次，b 和 c 出现 2 次，d 出现 1 次）。当你想用文本作为机器学习模型的输入时，HashingTF 可能是最普遍且最简单的方式：

```
val hashingTF = new HashingTF()
      .setInputCol("words").setOutputcol("features")
```

StringIndexer：这个 Transformer 被用于转换标签。在分类（classification）

问题中，标签是离散值，甚至以字符串的形式表示。但是，当做模型训练时，必须把它们转换为数值。StringIndexer 能做到这一点。

```
val df = sqlContext.createDataFrame(
   Seq((0, "A"), (1, "B"), (2, "C"), (3, "A"),
       (4, "A"), (5, "C"))).toDF("id", "category")
 val indexer = new StringIndexer().setInputCol("category")
   .setOutputcol("categoryIndex")
// 增加离散的索引，作为 categoryIndex 列
```

VectorAssembler：当我们使用 DataFrame 时，在某些情况下，每一列表示给定特征的一个元素。为传递这个机器学习模型，必须将所有列值组装成一个特征向量。通过 VectorAssembler 可以做到这一点：

```
val dataset = sqlContext.createDataFrame(
    Seq((0, 25, 2.0, Vectors.dense(0.0, 10.0, 0.5), 1.0)))
    .toDF("userid", "age", "addressCode",
      "userFeatures", "admission")
val vectorAssembler = new VectorAssembler()
    .setInputCols(Array("age", "userFeatures"))
    .setOutputCol("features")
```

你可以把 features 列作为机器学习模型中的输入特征。当然，有许多 Transformer 对于所有机器学习训练过程中所需的特征工程（feature engineering）都非常有用。一旦确定了特征及标签，就可以选择机器学习模型并且对其进行调优。在调优方面，通常会使用网格搜索方法（在后文我们会介绍）。这也是 Estimator 的职责。

接下来，我们设置 Estimator 来训练模型。Estimator 接收 DataFrame 但不返回 DataFrame。它们创建一个可以预测你想要的答案的 Model（模型）。Model 类似于我们在前面介绍的 Transformer。例如，在训练结束后 DecisionTreeClassfier 创建 DecisionTreeClassfierModel。

DecisionTreeClassfier（决策树分类器）：决策树是一种简单易用的算法，可用于处理分类和回归问题。决策树分类器的 Ensemble（集成）算法对各种类型的问题都有比较好的性能。所以，面对实际问题时它是第一选择。DecisionTree

Classfier 需要两列，一列是标签，另一列是特征（feature）。这些列可以通过 setInputCol 和 setOutputCol 来设置。默认值为“label”和“feature”。让我们通过 Pipeline API 来看看这个分类器训练阶段的代码。

```
val dt = new DecisionTreeClassfier()
        .setLabelCol("label").setFeaturesCol("features")
val pipeline = new Pipeline()
       .setStages(Array(firstTransformer, secondTransformer, dt)
// 返回的值就是 DecisionTreeClassfierModel
val model = pipeline.fit(dataframe)
```

最终得到一个 model。然后，我们可以继续评估阶段（evaluation phase）。Estimator 返回的每个 model 都有一个跟 Transformer 一样的 transform 方法。在评估阶段，我们可以把这个方法跟 Evaluator 组合起来使用。首先，建立一个预测的 DataFrame。

```
val predictions = model.transform(testData)
```

predictions 包含了一个名为 predicatedLabel 的新列。它应该是和“label”（标签）一样的列。在 Pipeline 末尾能够使用另一个 Transformer 修改这个预测的标签列的名字。当你的问题是多值分类时，可以用 Multiclass Classification Evaluator 计算模型的预测值。

```
val evaluator = new MulticlassClassificationEvaluator()
       .setLabelCol("label").setPredicationCol("predication")
       .setMetricName("precision")
```

根据给定的指标（metric）类型，比较原始标签和预测标签，就可以得出指标值。这里有 5 种类型的指标，它们和模式识别及机器学习术语中的指标是一样的。

下面我们介绍其中的 3 个指标，因为 weightedPrecision 和 weightedRecall 本质上与 precision 和 recall 差不多。

- precision（精确率）：精确率表示的是所有被选择的元素中，被正确识别出的的比例。它是反映模型准确性的一个精确值。
- recall（召回率）：召回率是正确识别出来的元素占所有正向元素（positive element）的比例 。

- f1（f值）：这个值计算出来是为了平衡上面的两个指标的，用于获得准确度。它是 MulticlassClassificationEvaluator 的默认值。

虽然可能不会有太多这样的情况，但是应该修改使用 Evaluator 时的指标类型。强烈建议在训练模型后对其评估。在 Spark ML 包里面最简单和有效的方式是，用交叉验证（cross validation）做网格搜索（grid search）。每个模型都有预定义的参数，在训练过程中是不能训练这些参数的。

例如，先前介绍的 DecisionTreeClassifier。这个分类器有 impurity、maxBins、minInfoGains、thresholds 等参数。它们叫作模型的超参数（hyperparameter），有某种程度的自由。那么，怎样提前设置最优值呢？交叉验证与网格搜索提供了解决这些问题的方法。可以用 CrossValidator 去做交叉验证。这个类接收一个 Estimator 作为模型选择的目标，接收一组参数 map（超参数就是从其中挑选出来的）以及用于计算模型性能的 Evaluator。运行交叉验证逻辑的代码如下所示：

```
val paramGrid = new ParamGridBuilder()
      .addGrid(dt.impurity, Array("entropy", "gini"))
      .addGrid(dt.minInfoGain, Array(1, 10, 100)).build()
```

表 6-1　交叉验证的逻辑

	Entropy	Gini
1	(1, "entropy")	(1, "gini")
10	(10, "entropy")	(10, "gini")
100	(100, "entropy")	(100, "gini")

用上面的代码，我们创建了有 6 种组合（2×3）的搜索空间。整个组合模式如图 6-2 所示。如你所知，如果参数数目不断增加，可能很难对所有模式进行评估。这是因为参数可能的组合模式数量是所有参数模式数量的乘积。

CrossValidator 试着用给定的 Estimator 及 Evaluator 去训练模型以及评估所有的超参数（hyper parameter）候选组合。换句话说，对于图 6-2 中所示的每个单元都会做训练及评估。

```
val cv = new CrossValidator().setEstimator(pipeline)
       .setEvaluator(new MultiClassficationEvaluator)
       .setEstimatorParamMaps(paramGrid).setNumFolds(3)
```

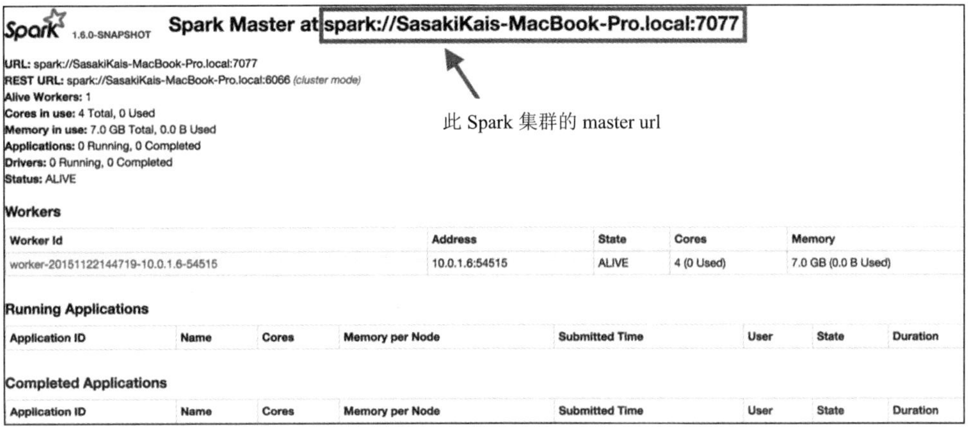

Spark 1.6.0-SNAPSHOT　Spark Master at spark://SasakiKais-MacBook-Pro.local:7077

URL: spark://SasakiKais-MacBook-Pro.local:7077
REST URL: spark://SasakiKais-MacBook-Pro.local:6066 (cluster mode)
Alive Workers: 1
Cores in use: 4 Total, 0 Used
Memory in use: 7.0 GB Total, 0.0 B Used
Applications: 0 Running, 0 Completed
Drivers: 0 Running, 0 Completed
Status: ALIVE

此 Spark 集群的 master url

Workers

Worker Id	Address	State	Cores	Memory
worker-20151122144719-10.0.1.6-54515	10.0.1.6:54515	ALIVE	4 (0 Used)	7.0 GB (0.0 B Used)

Running Applications

Application ID	Name	Cores	Memory per Node	Submitted Time	User	State	Duration

Completed Applications

Application ID	Name	Cores	Memory per Node	Submitted Time	User	State	Duration

图 6-2　网格搜索的组合

numFolds 常用于决定交叉验证的子集数目。在本例中，训练集数据被随机采样到三个分区。其中仅有一个分区将会被用作验证数据集，用来评估模型。剩下两个分区用于训练模型。通过交叉验证方法可以高效地利用数据做训练，因为如果将数据集分成 k 个子集，我们能训练模型 k 次。在处理用例的时候，常常需要评估模型以及修正模型，这是最常见的做法。创建这个 evaluator 后，在整个 Pipeline 中依然可以用同样的方法来训练模型：

```
val model = cv.fit (datasets)
```

你可以获取一个包含超参数的优化模型以及一个 model 来预测新数据集。我们也可以减少训练数据集过度拟合（overfitting）的可能性。这就是在 ML Pipeline 中训练机器学习算法的整个过程。除此之外，在 ML 中还有许多算法。当然，你也能用 ML 接口实现自己的算法。为了充分利用 ML Pipeline 的高级接口及保持互操作性，新的算法必须实现 Estimator 接口。

Mahout on Spark

Apache Mahout 是运行在 Hadoop 框架上的机器学习库，相对其他分布式机器学习框架算是元老了。起初，Mahout 作为一个分布式平台支持 MapReduce。后来，随着其他一些更适合迭代计算的机器学习框架的出现，Mahout 也开始支持各种各样的框架。当然 Spark 位列其中。从 0.10 版本开始，Mahout 增加了一种名为 Samsara 的新特性。这是为 Scala/Spark 提供的一种新的数学运算环境。Samsara 是用 Scala 写的一个线性代数库。在 Mahout Samsara 中，可以用简单的 Scala DSL 写数学计算表达式。例如，两个矩阵 A 和 B 相乘，可以写为 `A %*% B`。这个计算可以在 Spark 集群上分布式运行。Mahout Samsara 也支持 H2O，我们将在本节后面介绍。H2O 也是一个分布式机器学习框架，目前正处于活跃的开发阶段。下面我们以在 Spark 上使用 Mahout 开始介绍。

Mahout 已有一个 shell 工具，它是 `spark-shell` 的接口。首先，需要准备好 Spark 集群。需要注意一点，Mahout `spark-shell` 不能处理`-master=local[K]` 这种情况下的 Spark 本地进程。你需要启动一个 Spark 集群，不管是在哪种资源管理器（YARN、Mesos 等）上，甚至在本地。在我们这里的教程中，启动本地的 Standalone 模式集群是最简单的方式了，因为 Spark 程序包里面包含了启动脚本。

```
$ cd $Spark_HOME
# Launch Spark standalone cluster on local machine
# It requires administrative privileges
$ ./sbin/start-all.sh
```

你可以通过用 Web UI 检查集群是否正常启动。默认情况下，Spark UI 占用本机的 8080 端口，请访问：`http://localhost:8080/`。访问集群时必须用到的 master URL 会列在 Web UI 上。必须在 MASTER 环境变量中设置这个 URL，以便能通过 Mahout 的 `spark-shell` 访问此集群。除此之外，为了增加相应依赖的 Java 类，还需要设置 `SPARK_HOME` 及 `MAHOUT_HOME` 变量。

```
$ export SPARK_HOME=/path/to/spark/directory
$ export MAHOUT_HOME=/path/to/mahout/directory
# Set the url that you found on Spark UI
$ export MASTER=spark://xxxxxx:7077
```

以上是 Mahout spark-shell 启动前的准备工作。这条 Mahout 命令实现了几个子命令，spark-shell 子命令是其中之一。

```
$ cd $MAHOUT_HOME
$ bin/mahout spark-shell
......
Created Spark context..
Spark context is available as "val sc".
Mahout distributed context is available as "implicit val sdc".
SQL context available as "val sqlContext".
mahout>
```

Mahout spark-shell 接受 Mahout 的线性代数 DSL（领域特定语言），这种语言看上去和 Scala 一样。DSL 的参考手册地址为 https://mahout.apache.org/users/environment/out-of-core-reference.html。使用 DSL 有一个独特的好处，就是 Mahout 在分布式矩阵（distributed raw matrix）上可以自动优化并行度及操作，运行在 Spark 上也是如此。你不需要知道任务的并行数及 Spark 提供了哪些分区优化。DSL 学起来有难度，需要一定的学习成本。但是如果一直用 Mahout 运行你的机器学习算法，它的自动优化及调优特性会为你带来回报的。

Hivemall On Spark

Hivemall 是运行在 Hive 上的可扩展的机器学习框架。这个框架被实现为 Hive UDF（也称 UDTF）。因此，你可以在 Spark 上运行 Hivemall。Hive 能在 MapReduce 和 Tez 等查询执行引擎上运行，它还能在 Spark 上运行（参阅 https://issue.apache.org/jira/browse/HIVE-7292）。这意味着 Hivemall 自然也能运行在 Spark 上。Hivemall 本身不支持 Spark，但是社区里有人实现了一个 Spark 的包装库：

```
https://github.com/maropu/hivemall-Spark
```

Hivemall 的主要特征是，当你想训练机器学习模型或者执行其他预处理时，可以使用它的 SQL（HiveSQL）的声明式接口（declarative interface）。hivemall-spark 也是如此。如果要在你的环境中使用 hivemall-spark，就需要重新编译 Spark，将 Hive 的相关依赖添加进去，或者从 http://spark.apache.org/downloads.html

（为 Hadoop 2.3 或更高版本提供的预编译版本）直接下载 Spark。如果你想使用自己编译的 Hive 包，可以附上 Hive 配置文件：

```
$ build/mvn  -Phive -Pyarn -PHadoop-2.6 \
       -DHadoop.version=2.6.0 -DskiptTests clean package
```

hivemall-spark 是以 Spark 包的形式发布的。所以，当你启动 spark-shell 或者使用 spark-submit 提交 Spark job 时，可以像下面这样增加-packages 选项去下载 hivemall-spark JAR 包。

```
$ $SPARK_HOME/bin/spark-shell \
       -packages maropu:hivemall-spark:0.0.5
```

接下来，需要用 Hive DDL 来定义 UDF 引用。Hivemall 中有许多可用的 UDF。在 SparkContext 中定义这些 UDF 的脚本位于 hivemall-Spark 仓库下的 script/ddl/defin-udfs.sh。

```
scala> :load define-udfs.sh
```

使用上面的命令以后，Hivemall 上可用的所有 UDF 在 SparkContext 中也可用了。这些算法的用法跟原始的 Hivemall 一样。在 Spark 中使用 Hivemall，最重要的好处在于 DataFrame。例如，你可以像下面这样用已有的 DataFrame 来训练 Hivemall 算法：

```
val model = sqlContext.createDataFrame(dataset)
       .train_logregr(add_bias($"features"), $"label")
       .groupBy("feature").agg("weight", "avg")
       .as("feature", "weight")
```

除此之外，你也能联合 hivemall-spark 及 Spark Streaming 来充分利用流式数据。这是一种独有的特性，因为 Hive 不能单独做流式处理。在最近几年，流式数据的需求及应用都持续增长。运行你自己的生产集群时，可以选择 hivemall-spark。

外部的框架

Spark 社区提供了大量的框架和库。其规模及数量都还在不断增加。在本节中，我们将介绍不包含在 Spark 核心源代码库的各种外部框架。Spark 试图解决的问题涵盖的面很广，跨越了很多不同领域，使用这些框架能帮助降低初始开发成本，充分利用开发人员已有的知识。

Spark Package

要使用 Spark 库，你首先必须了解的东西是 Spark package。它有点像 Spark 的包管理器。当你给 Spark 集群提交 job 时，你可以到存放 Spark package 的网站下载任何 package。所有 package 都存放在这个站点。

```
http://spark-packages.org/
```

当你想用一个 Spark package 时，可以在 spark-submit 命令或者 spark-shell 命令中增加包选项：

```
$ $Spark_HOME/bin/Spark-shell \
        -packages com.databricks:Spark-avro_2.10:2.0.1
```

如果使用了--packages 选项，Spark package 就会自动把它的 JAR 包添加到你指定的路径下。你不仅能在 Spark 集群上使用社区的库，还能到公开发布自己的库。如果要把一个 Spark package 发布到这个托管服务下，必须遵守下列规则：

- 源代码必须放在 Github 上。
- 代码库的名字必须与包名相同。
- 代码库的主分支必须有 README.md 文件，在根目录下必须有 LICENSE 文件。

换句话说，你不需要编译自己的 package。即使你用 Spark Packages 的模板，编译、发布以及版本更新都将由这项服务完成。sbt 插件 sbt-spark-package（https://github.com/databricks/sbt-spark-packages）对于生成 package 也非常有用。如果要在你的项目中包含此插件，请务必在 sbt 项目的 project/plugins.sbt 文件中写入下面的代码：

```
resolvers += "bintray-Spark-packages" at "https://dl.bintray.com/
Spark-packages/maven/"
     addSbtPlugin("org.Spark-packages" % "sbt-Spark-packages" % "0.2.3")
```

发布 Spark 包时必须提供如下信息，应该把它们写到 build.sbt 中：

- spName——package 的名称。

- sparkVersion——package 所依赖的 Spark 版本。
- sparkComponents——package 所依赖的 Spark 组件列表，例如 SQL、MLlib。
- spShortDescription——package 的一句话描述。
- spDescription——关于 package 的完整描述。
- spHomePage——用于描述 package 的 Web 页面的 URL。

上述 6 项是你在发布 package 之前需要提供的信息。一定要发布到 package 的代码库的主分支上。你可以使用 Spark package 的托管站点（https://spark-packages.org/）的 Web UI 来完成这项工作，如图 6-3 所示。

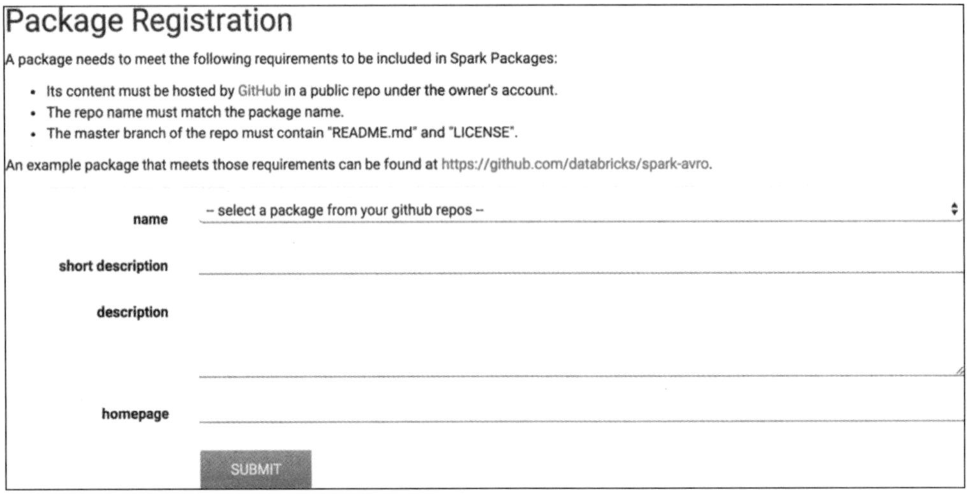

Package Registration

A package needs to meet the following requirements to be included in Spark Packages:

- Its content must be hosted by GitHub in a public repo under the owner's account.
- The repo name must match the package name.
- The master branch of the repo must contain "README.md" and "LICENSE".

An example package that meets those requirements can be found at https://github.com/databricks/spark-avro.

name -- select a package from your github repos --

short description

description

homepage

SUBMIT

图 6-3　package 注册网站

在 Spark package 站点上注册了 Github 账号后，可以从“name”下拉菜单中选择你的代码库（见图 6-4）。上面的简短描述和主页最好与 build.sbt 中的描述和主页 URL 一致。一旦你提交了 package，验证过程就开始了。这个过程通常需要几分钟。当验证完成后，你会收到一封邮件，告诉你验证是否成功。如果成功，就可以用前面描述的--package选项下载你的package了。截至2015年11月，Spark package 站点上已经有 153 个 package 了。下一节将介绍一些库，它们也是支持 Spark package

形式的，即它们也以 Spark package 格式分发。

Packages and releases submitted for verification:

type	name	user	create time	updated time	state	message
release	Lewuathe/spark-kaggle-examples:0.0.1	Lewuathe	2015-11-22 03:23:01	2015-11-22 03:23:01	pending	Please check again later.

图 6-4　选择 package 的名称

XGBoost

XGBoost 是一个专用于分布式框架的优化库。这个框架由 DMLC（Distributed Machine Learning Community，分布式机器学习社区）开发。顾名思义，在 DMLC 项目下有许多机器学习库，它们在 Hadoop 和 Spark 等已有资源上具有高扩展性。XGBoost 是基于 Gradient Boosting（梯度提升）算法的。决策树提升算法（Tree Boosting）是一种用于分类的集成学习（ensemble learning）算法，它组合使用了决策树与提升算法，是一种轻量而快速的分类算法。关于树集成及树提升算法在此就不展开讲述了，它们都是简单高效的算法：`https://xgboost.readthedocs.org/en/latest/model.html`。

虽然当前 XGBoost 还不能与 Spark 集成，但是 XGBoost 的名气使得 Spark 社区开发了 XGBoost 的 Spark package：`http://Spark-packages.org/package/rotationsymmetry/Sparkxgboost/`。

尽管 XGBoost 核心开发组不支持这个 package，你还是可以使用 `sparkxgboost` 包体验一下在 Spark 上的 XGBoost 的实现。

spark-jobserver

提交 job 的流程需要改进，因为对于非工程师来说，这项工作有点难。你需要理解如何用命令行或者其他 UNIX 命令去提交 Spark job。Spark 项目现在是使用 CLI 来提交 job 的。spark-jobserver 提供了一个 RESTful API 来管理提交到 Spark 集群的 job。因此，这意味着可以在企业内部环境中将 Spark 作为一个服务启动。最简单的使用 spark-observer 的方法就是启动一个为之准备的 Docker 容器。如果你的笔记本上已经有了 Docker 环境，你需要做的就是输入下面的命令：

```
$ docker run -d -p 8090:8090\
      velvia/spark-jobserver:0.5.2-SNAPSHOT
```

执行这条命令，spark-jobserver 的 Docker 镜像将被下载，它会在 Docker 上启动 spark-jobserver 作为守护进程。可以通过 8090 端口查看这个服务器的状态。启动之后，可以看到如图 6-5 所示的 Web UI。虽然这个界面很简单，但它为管理 job 提供了足够的信息。job 服务器的后台是带有一个本地 executor 的 Spark 集群，它有 4 个线程运行在这个 Docker 容器配置下。不过对于你的生产环境而言，这样的配置可能远远不够。现在，假设你的 job 已经通过 REST API 发送。在 spark-jobserver 项目目录下有一个著名的单词计数例子。下载这个例子的源码后，用 `sbt` 命令编译。如果你的笔记本上没有 `sbt`，请参照 `http://www.scala-sbt.org/`。

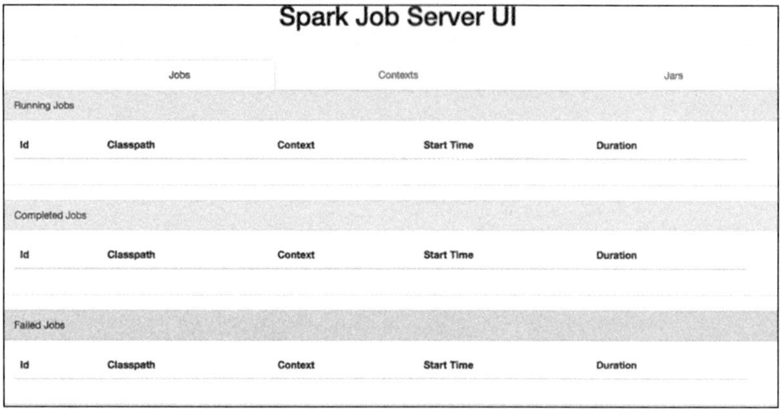

图 6-5　Spark job 服务器 UI

```
$ git clone \
     https://github.com/spark-jobserver/Spark-jobserver.git
$ cd spark-jobserver
$ sbt job-server-tests/package
# You can build test package as a jar format under
# job-server-tests/target/scala-2.10/job-server-
# tests2_2.10-0.6.1-SNAPSHOT.jar, though version number
# might be a little bit different
```

运行一个 job，其过程如下：

（1）上传应用的 JAR 文件。

（2）选择运行在 spark-jobserver 上的主类。

提交 job 时不需要每次都编写 Spark 应用或者编译它，即使你想与其他人共享。spark-jobserver 会对如下对象持久化：

- job 状态
- job 配置
- JAR

因此，一旦你设置了这些信息，就不需要再次重新上传。重要的是，可以通过 spark-jobserver 与同事共享你的应用的代码。可以用 curl 命令进行上传：

```
$ curl --data-binary @job-server-test/target/scala-2.10/job-server-
tests_2.10.0.6.1-SNAPSHOT.jar \
   http://<Your Docker Host IP>:8090/jars/test
$ curl 'http://<Your Docker Host IP>:8090/jars'
   {
     "tests" : "2015-11-12T02:26:50.069-05:00"
   }
```

如果收到上面信息，就可以上传你的 JAR。现在，是时候用输入数据启动你的应用了。

```
$ curl -d "input.string = takeshi nobita dora suneo suneo nobita" '
http://<Your Docker Host IP>:8090/jobs?appName=test&classPath=spark.
jobserver.WordCountExample'
$ curl 'http://<Your Docker Host IP>:8090/jobs'
       {
       "duration": "0.448 secs",
       "classPath": "spark.jobserver.WordCountExample",
       "startTime": "2015-11-12T03:01:12.362-05:00",
       "context": "0a518c58-spark.jobserver.WordCountExample",
       "status": "FINISHED",
       "jobId": "aed9a387-5319-4d8e-ac3d-0f1ce9d4b1a1"
        }
```

你的 job 应当成功地完成。得到的结果也能通过 REST API 下载。

```
$ curl http://<Your Docker Host IP>:8090/jobs/aed9a387-5319-4d8e-
ac3d-0f1ce9d4b1a1
     {
       "status": "OK",
       "result": {
        "takeshi": 1,
        "nobita": 2,
        "suneo": 2,
        "dora": 1
        }
      }
```

这就是一个使用 spark-jobserver 的进程。虽然这个库仍然在开发中，但由于它是一个开源项目，因此可能很快就会被应用到实际场景。如果你打算在内部使用以处理日常数据，那么 spark-jobserver 是一个不错的选项。

未来的工作

你可能对使用 Spark 服务比较感兴趣。Spark 已经提供了很多功能，例如 SQL 执行、流处理以及机器学习。Spark 也有一个好用的界面，而且背后有强大的社区，开发者十分活跃，这也是人们对 Spark 寄予厚望的原因。下面我们将介绍一些当前正在进行中的 Spark 项目。

Spark 目前使用的主要数据结构是 RDD 和 DataFrame。RDD 是一个原创的概念，而 DataFrame 是后来引入的。RDD 相对灵活。你可以在 RDD 结构上运行许多类型的转换与计算。然而，因为它太灵活了，所以很难对其执行进行优化。另一方面，DataFrame 有一定的固定结构，能利用它来优化 DataFrame 数据集上的执行。但是，它不具备 RDD 的优点，主要是没有 RDD 的灵活性。RDD 与 DataFrame 的主要区别如表 6-2 所示。

表 6-2　RDD 与 DataFrame 的区别

RDD	DataFrame
类型安全（编译时）	节省内存的使用
更多代码及用户	做排序/序列化时更快
容易写特定逻辑	易于优化的逻辑表示

Spark Dataset API 的目的在于，为用户提供一种能简单地编写 transformation 代码的方式，同时在类型安全的机制下获得不错的性能和健壮性。

DataSet API 的目标是：

- 性能应当相当于或优于现有 RDD API。处理速度及序列化的速度应比现有 API 更快。
- 与 RDD 一样，Dataset API 应当提供编译时的类型安全（type-safety）。如有可能，在编译时应该了解这个模式（scheme）。就类型系统级别而言，如果出现 scheme 不匹配时，它让你能做 fail-fast（快速失败，或者自动降级）的开发。
- 支持各种类型的对象模型，例如基本类型、case 类、tuple（元组）及 JavaBean。
- 在 Scala 和 Java 中都能使用 Dataset API。当共享类型不可用时，将为这两种语言提供重载的函数。
- Dataset API 应能与 DataFrame API 互操作。用户应当能在 Dataset API 及 DataFrame 间无缝转换。像 MLlib 这样的库不需要为 Dataset 及 DataFrame 实现不同的接口。

根据当前设计，一开始设想的 Dataset API 的使用是像下面的代码这样的：

```
val ds: Dataset[Int] = Seq(1, 2, 3, 4, 5).toDS()
val ds2: Dataset[Pair[Int, Long]]
       = ds.groupBy(_ % 2).countByKey()
```

已有的数据（例如集合）非常容易写入 Dataset。但是注意，这一条特性还尚未公布。此 API 的设计很可能会有改动。关于 Dataset API 的讨论及开发进度记录在 SPARK-9999 JIRA 中，其最新信息都将会出现在这个 ticket 上（SPARK-9999）。

与参数服务器集成

在介绍参数服务器的实现之前，有必要厘清分布式机器学习的相关概念，例如并行。了解大规模机器学习的背景及难点，会帮助你理解开发参数服务器的目的。它们不是像 Redis 或 Cassandra 那样的简单键值对存储系统。参数服务器的目标与已有数据库是不同的。它们为大规模机器学习而开发的。在大规模机器学习中有两种并行类型：数据并行（data parallelism）及模型并行（model parallelism）。这些概念有点复杂，其差异也不为人所知。因此，我们逐一讲述。

数据并行

数据并行侧重于把数据分发到集群不同的计算资源上。通常，用于机器学习的训练数据量非常庞大，仅仅单台节点机器在内存中是无法保存所有数据的，甚至在磁盘上也无法保存全部的数据。这是一种 SIMD（单指令多数据流）处理类型。所有的处理器（或者机器）在不同的数据上执行相同的任务。在机器学习的上下文中，每台机器所保存的每个数据分片上都运行着训练进程。因此如果有 10 台机器，就可以运行 10 个训练进程。尽管仅需要 1 个模型，现在却给了你 10 个。每个训练进程产生不同的模型，而且有 10 个。怎样把 10 个训练模型整合为 1 个呢？最简单的方式是计算这些模型的平均值。对模型的每个参数取平均值，能提供相对高的性能。

包括 Spark MLlib 及 ML 在内的大多数分布式机器学习框架都实现了数据并行。虽然数据并行很简单且易于实现，但是数据并行的收集任务（在前面的例子中，就是指计算平均值）会导致性能瓶颈，因为这个任务必须等待分布在集群中的其他并行任务完成后才能执行。数据并行（见图 6-6）在每个训练迭代上都产生多个模型。为了正确地使用这个训练模型，必须基于这些模型创建一个模型。

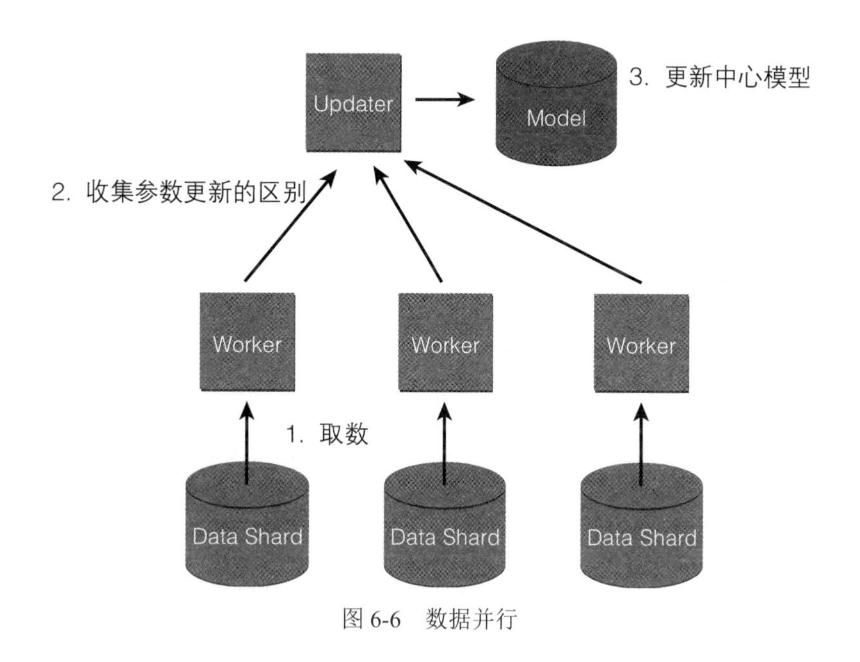

图 6-6　数据并行

模型并行

模型并行与数据并行差别很大。不同的机器用相同的数据训练。然而，一个模型分布在多台机器上。深度学习的模型往往很大，因为许多参数常常不是在一台机器上的。模型并行就是将单个模型分为多个分片。一个节点维护一个模型分片。另一方面，每个训练进程能异步更新模型。框架必须对此进行管理以便于保持模型的一致性。实现这个过程的框架，特别是在机器学习领域，叫作"参数服务器"（parameter server）。深度学习尤其要求实现模型并行，因为深度学习需要用到更多数据（如图 6-7 所示），而这意味着最终需要更多参数。这个模型不可能在一台机器、一个磁盘或者一块内存上。因此，如果不得不使用深度学习，就必须在你的生产集群上使用参数服务器。

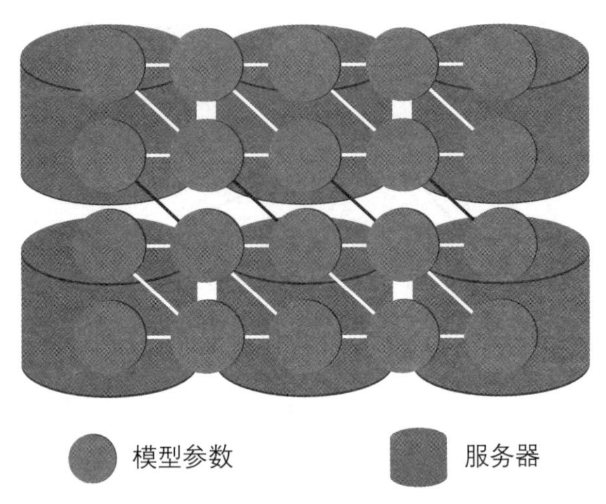

图 6-7　模型并行

在模型并行中，一个模型由多台服务器管理。正因为这一点，我们可以操纵无法存储在单台机器上的巨型模型。集群里的一台机器仅持有整个模型的一部分。将存储在集群中的所有模型分片组合到一起，就能重新构造出完整的模型。如果你迫不得已需要管理每个碎片的健康检查，并且按特定方式构造出完整的模型，那将会是一件十分艰苦的工作。这就是参数服务器存在的原因。参数服务器通常类似于 NoSQL 数据存储。Redis、MongoDB 及 Cassandra 都是 NoSQL。参数服务器独有的特性在于：以分布式方式更新数据；在集群内保持全部数据的整体性。这是一个很新的概念，接纳它的公司还不多。但这是运行大规模机器学习算法及保持模型的最重要技术之一。下一节我们将介绍参数服务器的一些实现。在现阶段它们可能不太易用。掌握它的整体概念及每一个实现的架构，对你非常有好处。

参数服务器与 Spark

如前所述，原始的参数服务器是为模型并行处理而开发出来的。Spark MLlib 的大部分算法当前在处理数据时仅仅是数据并行，而不是模型并行。为了以一种通用的方式实现模型并行，人们研究和开发出更高效的参数服务器架构。参数服务器是在 RAM（随机访问存储）上存放以及更新分布式集群中的模型的。而模型更新常常是分布式机器学习过程的瓶颈所在。SPARK-6932 是一个用于研究参数服务器潜在能力的 ticket，也是对各种实现的比较。此外，Spark 项目在尝试基于这项研究去实现它自己的“参数服务器”。已经有人提供了 Spark 上的参数服务器，参见 `https://github.com/chouqin/spark/tree/ps-on-Spark-1.3`，不过这个方案仍在讨论中，因为这样做需要改变一些核心源码。此外，这个参数服务器还有几种实现。然而，这个软件还未被广大开发人员与企业所接受。要想赶上目前使用可扩展的机器学习服务的趋势，就必须知道有什么产品及每个实现有什么特性。

CMU 机器学习

前面提到 DMLC 实现了 XGBoost，也开发了一种参数服务器。为了使同步整个数据更简单，它实现了 Chord 哈希表。在生产环境下，所有服务器都有可能出现故障或者宕机。Hadoop HDFS、YARN 及 Spark 之类的分布式系统必须有比较高的容错性。对于这些类型的分布式系统上的机器学习而言，参数服务器也是关键组件。CMU 参数服务器实现了 Chord 风格的算法用于容错。

如果你想尝试 DMLC 参数服务器，必须编译自己的二进制文件。推荐在 Ubuntu（或其他 Linux 发行版）上编译。在我们写本书的此刻，你还不能在 Mac OS X 上编译参数服务器。在准备好你自己的 Ubuntu 机器后，需要安装一些依赖：

```
$ sudo apt-get update && \
      sudo apt-get install -y build-essential git
```

下载源码并进行编译：

```
$ git clone https://github.com/dmlc/ps-lite
$ cd ps-lite && make deps -j4 && make -j4
```

你将看到 `build` 目录下的示例代码。运行一些例子对掌握参数服务器的整个工作流程可能会有帮助。我们根据教程来运行 `example_a` 及 `example_b`。要理解参数服务器的工作机制，首先要弄清楚两个 API：Push（推）及 Pull（拉）。Push 用于更新存储在参数服务器上的参数。Pull 用于引用该参数值。通常来讲，在训练过程的迭代结束后，Push API 用于更新模型参数。在每个迭代的开始，进程取出所有参数，在自己的内存里重新构造出参数服务器。整个进程可以通过用参数服务器异步实现，而且具有可靠性，还不丢失可伸缩性。下面的代码片段告诉了我们如何实现：

```
typedef float val
// 键必须定义为无符号整型
std::vector<Key> keys = {1, 2, 3} ;
std::vector<Val> values = {1, 10, 20} ;
// Worker 进程就是操纵参数服务器上的数据的客户端
KVWorker<Val> worker ;
// 更新与键对应的值
int ts = wk.Push(keys, values) ;
// 等待来自参数服务器的响应
wk.wait(ts)
```

用这段代码可以更新参数服务器上的参数。接着，你可以用 Pull API 获取这些被存储的参数。

```
// 定义变量，保存从参数服务器返回的参数
// 它们没有索引，是排过序的
std::Vector<Val> recv_values ;
ts = wk.Pull(key, &recv_values) ;
wk.wait(ts) ;
example_a writes the tutorial of this pattern. The command to run this
  is here
$ ./local.sh 1 5 ./example_a
values pulled at W3: [3]: 1 10 20
values pulled at W0: [3]: 2 20 40
values pulled at W2: [3]: 4 40 80
values pulled at W1: [3]: 4 40 80
values pulled at W4: [3]: 5 50 100
```

`local.sh` 是一个运行参数服务器及 worker 的辅助脚本。第一个参数表示参数服务器的数目，第二个表示 worker 节点的数目。它们都运行在本机上。虽然这些进程都是异步的，但是得到的结果可能还是有些许差别。在本例中，5 个 worker 更新同一参数服务器的参数，并且立即取回参数列表。每个 worker 并没有取回自己增加的值。在上面的例子中，`w3` 无法取到值 `[3 30 60]`，因为 `local.sh` 脚本是按顺序启动每个 worker 的，这个值在 `w3` 取之前才被添加进来。为了解决这个问题，可以给每个操作添加依赖。这个依赖意味着“此操作应当在前一个 Push 操作完成后再开始”。因此，这个 worker 不用等就能看见自己之前 push 的值。可以用如下代码增加依赖关系：

```
KWorker<Val> wk ;
int ts = wk.Push(keys, values) ;
SyncOpts options ;
// 在被 Push 的数据上设置依赖
options.deps = {ts}
options.deps = {ts} ;
// 当此依赖被满足时，
// 就会调用这个函数
options.callback = [&recv_values]() {
std::count << "values pulled at " << MyNodeID() << ": "
Blob<const Val>(recv_values) << std::endl ;
}
ts = wk.Pull(keys, &recv_values, options) ;
wk.Wait(ts) ;
```

设置上面的依赖，就能保证你获得用于依赖的 Push 操作的最新值。总的来说，这个参数服务器 API 是简单且易用的。你需要做的就是编写一些 C++代码，获取这个可伸缩的模型以更新架构（见图 6-8）。

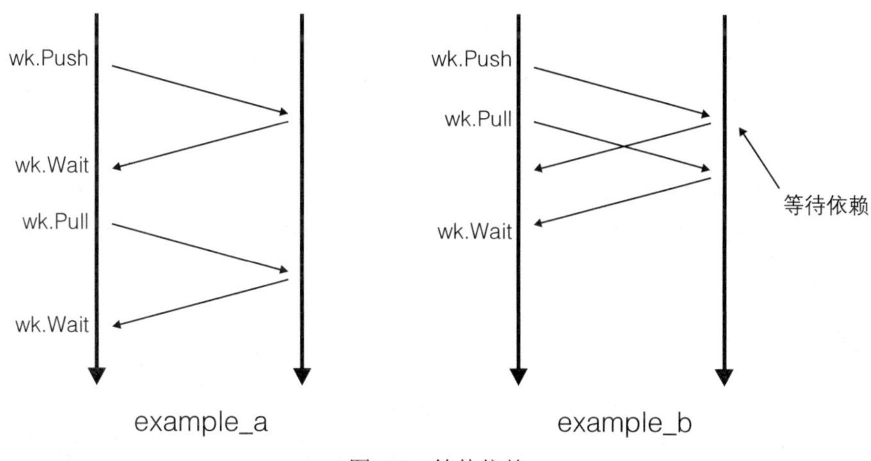

图 6-8　等待依赖

Google DistBelief

Google DistBelief 是 Google 的一个内部系统。可以从以下站点了解更多信息：

http://research.google.com/pubs/pub40565.html。这篇论文展示了模型并行的概念，以及对 Google 内部使用的大规模机器学习设施进行了概要地介绍。在 Google 的各种应用中都有 DistBelief 的身影，比如语音识别、图像搜索，以及 DeepDream（一种基于深度学习算法创建自己的“新”图像的应用）。Jeffrey Dean 领导的团队最近开源了 TensorFlow 项目（http://tensorflow.org/），该项目一直在尝试克服 DistBelief 的缺点。TensorFlow 旨在进行通用的数值计算，但是它当前好像不支持 Spark 或者 Hadoop 平台。因此，我们这里不会详细介绍 TensorFlow。学习怎样运行 TensorFlow 会很有用，因为它是学习深度学习的基本概念及算法的好资源。

Factorbird

Factorbird 是斯坦福大学主导开发的原型参数服务器。它基于随机梯度下降（stochastic gradient descent）算法改善了算法的伸缩性。Factorbird 采用了 lock-free（无锁）共享内存模型作为参数服务器架构，称为 Hogwild!样式。设计它是为了满足以下几点：

- 其伸缩性能满足上百亿非零值的高宽矩阵。
- 具有适用于 SGD 优化的各种模型及损失函数的扩展性。
- 能同时适配于批量及流式场景。

关于 Hogwild!有一篇重要论文很有必要读一读：https://www.eecs.berkeley.edu/~brecht/papers/hogwildTR.pdf，它可以作为 Factorbird 参数服务器的参考手册。

Petuum

Petuum 是一种分布式机器学习框架，旨在提供一个通用的算法和接口，简化机器学习算法的分布式实现。Petuum 包含一个并行机器学习的异步分布式键值存储。这个存储系统叫作 Bösen。Bösen 似乎并不是纯异步工作的。这个模型被定义为同步并行一致性模型。它提供了比完全同步的模型更好的性能，同时也具有模型正确性。Bösen 已经被微软分布式机器学习工具集（DMTK）采用，该工具集已经开源。因此，这意味着 Bösen 在产业上已经有实际成果，即使它被重命名为 Multiverso（`https://github.com/Microsoft/multiverso`）。

Vowpal Wabiit

Vowpal Wabbit 是 Yahoo!研发的机器学习框架，而且被微软所支持。现在它已经被集成到微软 Azure 上了，你可以在 Azure 中直接使用此框架。

Tungsten 项目

传统上，优化 I/O（网络、磁盘）总是调优分布式系统性能最有效的方式。在很长一段时间里，I/O 一直是最缺乏且最易成为性能瓶颈的资源。由于硬件及数据压缩技术的进步，这种情况正在改变。通过观察 Spark 用例，Spark 社区发现运行在 Spark 上的许多工作负载，其瓶颈不再是 I/O 及网络，而是 CPU 及内存。Tungsten 项目的目标就是改善 Spark 应用的内存及 CPU 的效率。每个应用都可能受底层硬件条件的限制，它们往往就是你系统的瓶颈。这个项目的重点是：

- **避免瞬态 Java 对象（以二进制格式存储），减少垃圾回收（GC）开销**。Tungsten 的一个重要目标就是减少垃圾回收。因此 Tungsten 会使用 JDK 1.7 中引入的 Unsafe（非安全）特性去尝试手动管理内存。这意味着 Spark 必须代替 JVM 去自我管理堆外对象（off-heap object）。如果你没有理解 Spark 如何通过使用 DataFrame 的数据模式安全处理手动内存管理，那么手动管理内存将存在很大风险。这种方法也将内存占用量（memory footprint）降到最小。
- **通过改善数据格式来最小化内存使用**。使用 Parquet 或 ORC 这样的密集数据格式，可以优化内存的使用。
- **通过缓存友好的计算（cache-aware computation）来加速排序和聚合**。在做名为 `UnsafeShuffleManager` 的 shuffle 排序时，Tungsten 引进了一个新的 shuffle 管理器来直接管理内存。这个管理器对序列化二进制数据排序，而不是对 Java 对象排序，因而能减少内存消耗及 GC 开销。
- **实现更快的序列化与反序列化**。它的算子（operator）可以理解数据类型，能直接在内存中处理二进制数据，减少了序列化与反序列化的开销。这意味着

Spark 算子能通过 JVM 的 Unsafe 特性来处理 DataFrame/SparkSQL 数据的二进制表示。它不仅支持堆外数据（off-heap data），也支持堆内数据（on-heap data）。在 on-heap 模式，数据是通过基 Java 对象地址（the base Java object）加该对象的偏移量来寻址的。在 off-heap 模式，每个数据直接由 64 位长的内存地址寻址。

换句话说，Spark 现在能承受更多 CPU 密集的工作负载。根据 JIRA 项目的 ticket，这个项目分为两个阶段。第一阶段已经完成，在 1.5 版本中发布。第二阶段的余下部分将在 1.6 版本中可用，包括接口与优化。虽然 Tungsten 项目对于 Spark 用户来说不易理解，但是它对于 Spark 的未来非常重要，将成为下一级别的分布式计算。你可以在 Spark 的新发行版里找到映证。

深度学习

深度学习因其高准确率及通用性，成为机器学习中最受关注的领域。这种算法在 2011—2012 年期间出现，并超过了很多竞争对手。最开始，深度学习在音频及图像识别方面取得了成功。此外，像机器翻译之类的自然语言处理或者画图也能使用深度学习算法来完成。深度学习是自 1980 年以来就开始被使用的一种神经网络。神经网络被看作能进行普适近似（universal approximation）的一种机器。换句话说，这种网络能模仿任何其他函数。例如，深度学习算法能创建一个识别动物图片的函数：给一张动物的图片，它能分辨出图片上的动物是一只猫还是一只狗。深度学习可以看作是组合了许多神经网络的一种深度结构。

如前面提到的参数服务器，与其他已有的机器学习算法相比，深度学习需要大量参数及训练数据。这也是我们介绍能在 Spark 上运行的深度学习框架的原因。要想在企业环境中稳定地进行深度学习的训练，必须要有一个可靠而快速的分布式引擎。Spark 被视为目前最适合运行深度学习算法的平台，是因为：

- 基于内存的处理架构对于使用机器学习的迭代计算，特别是深度学习，十分适合。
- Spark 的几个生态系统如 MLlib 及 Tachyon 对于开发深度学习模型很有用。

在本章的最后一节，我们将介绍一些 Spark 能用的深度学习框架。这些框架和深度学习一样，都是比较新的库。很可能你在使用它们的过程中遇到一些 bug 或者缺少一些操作工具，但是报告问题（issue）及发送补丁将会使它更加成熟。

H2O

H2O 是用 h2o.ai 开发的具有可扩展性的机器学习框架，它不限于深度学习。H2O 支持许多 API（例如，R、Python、Scala 和 Java）。当然它是开源软件，所以要研究它的代码及算法也很容易。H2O 框架支持所有常见的数据库及文件类型，可以轻松将模型导出为各种类型的存储。深度学习算法是在另一个叫作 sparkling-water 的库中实现的（`http://h2o.ai/product/sparkling-water/`）。它主要由 h2o.ai 开发。要运行 sparkling-water，需要使用 Spark 1.3 或以上的版本。

安装

1. 首先需要从 h2o 网站下载最新的 sparking-water。

   `http://h2o-release.s3.amazonaws.com/sparkling-water/rel-1.3/1/index.html`

2. 把它指向 Spark 的安装目录。

```
$ export Spark_HOME=/path/to/your/spark
```

3. 启动 sparkling-shell，这个接口与 spark-shell 类似。

```
$ cd ~/Downloads
$ unzip Sparkling-water-1.3.1.zip
$ cd Sparkling-water-1.3.1
$ bin/Sparkling-shell
```

sparkling-water 源码中包含几个例子。不幸的是，有些例子在 Spark 1.5.2 版本上无法正常运行。深度学习的 demo 也有相同的问题。你得等待这些问题被解决，或者自己写几个能在 Spark 运行的补丁。

deeplearning4j

deeplearning4j 是由 Skymind 开发的，Skymind 是一家致力于为企业进行商业化深度学习的公司。deeplearning4j 框架是创建来在 Hadoop 及 Spark 上运行的。这个设计用于商业环境而不是许多深度学习框架及库目前所大量应用的研究领域。Skymind 是主要的支持者，但 deeplearning4j 是开源软件，因此也欢迎大家提交补丁。deeplearning4j 框架中实现了如下算法：

- 受限玻尔兹曼机（Restricted Boltzmann Machine）
- 卷积神经网络（Convolutional Neural Network）
- 循环神经网络（Recurrent Neural Network）
- 递归自编码器（Recursive Autoencoder）
- 深度信念网络（Deep-Belief Network）
- 深度自编码器（Deep Autoencoder）
- 栈式降噪自编码（Stacked Denoising Autoencoder）

这里要注意的是，这些模型能在细粒度级别进行配置。你可以设置隐藏的层数、每个神经元的激活函数以及迭代的次数。deeplearning4j 提供了不同种类的网络实现及灵活的模型参数。Skymind 也开发了许多工具，对于更稳定地运行机器学习算法很有帮助。下面列出了其中的一些工具。

- Canova（`https://github.com/deeplearning4j/Canoba`）是一个向量库。机器学习算法能以向量格式处理所有数据。所有的图片、音频及文本数据必须用某种方法转换为向量。虽然训练机器学习模型是十分常见的工作，但它会重新造轮子还会引起 bug。Canova 能为你做这种转换。Canova 当前支持的输入数据格式为：
  - CSV
  - 原始文本格式（推文、文档）
  - 图像（图片、图画）
  - 定制文件格式（例如 MNIST）
- 由于 Canova 主要是用 Java 编写的，所以它能运行在所有的 JVM 平台上。

因此，可以在 Spark 集群上使用它。即使你不做机器学习，Canova 对你的机器学习任务可能也会有所裨益。

- **nd4j**（`https://github.com/deeplearning4j/nd4j`）**有点像是一个 numpy，Python 中的 SciPy 工具**。此工具提供了线性代数、向量计算及操纵之类的科学计算。它也是用 Java 编写的。你可以根据自己的使用场景来搭配使用这些工具。需要注意的一点是，nd4j 支持 GPU 功能。由于现代计算硬件还在不断发展，有望达到更快速的计算。
- **dl4j-spark-ml**（`https://github.com/deeplearning4j/dl4j-spark-ml`）**是一个 Spark 包，使你能在 Spark 上轻松运行 deeplearning4j**。使用这个包，就能轻松在 Spark 上集成 deeplearning4j，因为它已经被上传到了 Spark 包的公共代码库（`http://spark-packages.org/package/deeplearning4j/dl4j-Spark-ml`）。

因此，如果你要在 Spark 上使用 deeplearning4j，我们推荐通过 dl4j-spark-ml 包来实现。与往常一样，必须下载或自己编译 Spark 源码。这里对 Spark 版本没有特别要求，就算使用最早的版本也可以。deeplearning4j 项目准备了样例存储库。要在 Spark 上使用 deeplearning4j，dl4j-Spark-ml-examples 是可参考的最佳示例（`https://github.com/deeplearning4j/dl4j-Spark-ml-examples`）。下面列出如何下载及编译这个代码库。

```
$ git clone git@github.com:deeplearning4j/dl4j-spark-mlexamples.git
$ cd dl4j-Spark-ml-examples
$ mvn clean package -DSpark.version=1.5.2 \
                      -DHadoop.version=2.6.0
```

编译类位于 target 目录下，但是可以通过 `bin/run-example` 脚本运行这些例子。当前有三种类型的例子：

- `ml.JavaIrisClassfication`——鸢尾花（iris flower）数据集分类。
- `ml.JavaLfwClassfication`——LFW 人脸数据库分类。
- `ml.JavaMnistClassfication`——MNIST 手写数据分类。

我们选择第 3 个例子，对 MNIST 手写数据集运行分类模型的训练。在运行这个示例之前，需要从 MNIST 站点下载训练数据（`http://yann.lecun.com/exdb/mnist/`）。或者，你可以使用下面的命令下载：

```
## 下载手写数据的图像
$ wget http://yann.lecun.com/exdb/mnist/train-images-idx3-ubyte.gz
$ gunzip train-images-idx3-ubyte
## 下载与上述图像对应的标签
$ wget http://yann.lecun.com/exdb/mnist/train-labels-idx1-ubyte.gz
$ gunzip train-labels-idx1-ubyte
And the put the two files on data direcotry under dj4j-spark-ml-
examples.
$ mv train-images-idx3-ubyte \
          /path/to/dl4j-spark-ml-examples/data
$ mv train-labels-idx1-ubyte \
          /path/to/dj4j-spark-ml-examples/data
```

差不多可以开始运行训练进程了。你需要注意的最后一点是 Spark executor 及 driver 的内存大小，因为 MNIST 数据集和它的训练模型将会很大。它们要用到大量内存，因此我们建议你提前修改 `bin/run-example` 脚本中设置的内存大小。可以通过如下命令修改 `bin/run-example` 脚本的最后一行：

```
exec spark-submit \
          --packages "deeplearning4j:dl4j-spark-ml:0.4-rc0" \
          --master $EXAMPLE_MASTER \
          --class $EXAMPLE_CLASS \
          --driver-memory 8G \    # <- Changed from 1G
          --executor-memory 8G \  # <- Changed from 4G
          "$SPARK_EXAMPLES_JAR" \
          "$@"
```

现在开始训练：

```
$ MASTER=local[4] bin/run-example ml.JavaMnistClassfication
```

为了指定本地 Spark 的 master 配置，我们已经在 `bin/run-example` 脚本的前面设置了 `MASTER` 环境变量。这种训练需要花一些时间，由你的环境及机器规格决定。这个例子运行了一种叫作“卷积神经网络”的神经网络。其参数细节是通过 `MultiLayerConfiguration` 类设置的。由于 deeplearning4j 有一个 Java 接口，就算你不习惯 Spark 的 Scala 语言也没关系，它是很容易引入的。下面简单解释一下这个例子中的卷积神经网络参数。

- seed——此神经网络会使用像初始网络参数这样的随机参数，这个种子就用于产生这些参数。有了这个种子参数，在开发机器学习模型的过程中更容易进行测试与调试。
- batchSize——像递度下降之类的迭代算法，在更新模型之前会汇总一些更新值，batchSize 指定进行更新值计算的样本数。
- iterations——由一个迭代进程保持模型参数的更新。这个参数决定了此迭代处理的次数。通常来说，迭代越长，收敛的概率越高。
- optimizationAlgo——运行前述的迭代进程，必须用到几种方法。随机梯度下降（Stochastic Gradient Descent，SGD）是目前为止最先进的方法，这种方法相对来讲不会落入局部最小值，还能持续搜索全局最小值。
- layer——它是深度学习算法的核心配置。这个深度学习神经网络有几个名为 layer 的网络组。这个参数决定了在每一层中使用哪种类型的层。例如，在卷积神经网络的案例中，ConvolutionLayer 被用于从输入的图像中提取出特征。这个层能学习一个给定的图片有哪种类型的特征。在一开始就放置这个层，将改善整个神经网络预测的精确性。每个层也能用给定的参数进行配置。

```
new ConvolutionLayer.Builder(10, 10)
              .nIn(nChannels)  // 输入元素的数目
              .nOut(6)         // 输出元素的数目
              .weightInit(WeightInit.DISTRIBUTION)
                               // 参数矩阵的初始化方法
              .activation("sigmoid") // 激活函数的类型
              *build())
```

图 6-9 展现了神经网络的通用结构。由于 ConvolutionalLayer 也是一种神经网络，两种网络的部件基本上是相同的。神经网络有一个输入（$\boldsymbol{x}$）及输出（$\boldsymbol{y}$）。它们都是向量格式的数据。在图 6-9 中，输入为一个四维向量，而输出也是一个四维向量。输出向量 $\boldsymbol{y}$ 是怎样计算出来的呢？每层都有一个参数矩阵。在本例中，它们用 $\boldsymbol{W}$ 表示。$\boldsymbol{x}$ 与 $\boldsymbol{W}$ 相乘得到下一个向量。为了增强这个模型的表达，这个向量被传给

某个非线性激活函数（σ），例如逻辑 sigmoid 函数（logistic sigmoid function）、Softmax 函数。使用这个非线性函数，神经网络就能逼近任意类型的函数。然后用 z 与另一个参数矩阵 W 相乘，并再次应用激活函数 σ 。

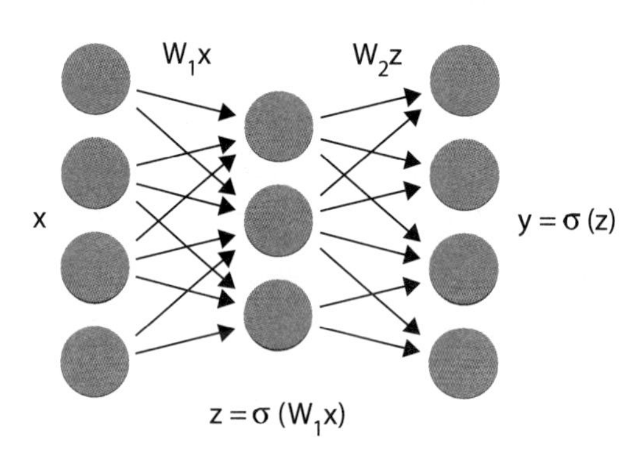

图 6-9　神经网络的概念图

你可以看到`ConvolutionLayer`的每个配置。`nIn`及`nOut`是输入向量 vector(x)及输出向量 vector(z)的维度。`activation`是这个层的激活函数，由逻辑 sigmoid 函数与修正线性单元所选择。根据你的问题，输入及输出的维度能被立即确定。其他参数应当通过网格搜索来优化，这一点将在后面讲述。

每一层（layer）的选择我们自己常常是很难决定的。这需要了解一些知识，而且对要解决的特定问题要有一定的研究。deeplearning4j 项目也提供了一份介绍性文档（`http://deeplearning4j.org/convolutionalnets.html`）。虽然理解这份文档需要一点数学及线性代数知识，但它仍然是描述卷积神经网络工作原理的最简单的文档。

- `backprop`——反向传播（backpropagation）是目前用于更新模型参数（W）最先进的方法。因此，这个参数应当总是 true。
- `pretrain`——由于有预训练（pretraining），多层网络能从输入数据提取出特征，获得经过优化的初始参数。也推荐把它设为 true。

在这里我们无法描述机器学习的全部细节。但是通常来说，这些算法主要用于图像识别、文本处理及垃圾邮件过滤等场景。deeplearning4j 的官方站点上

（http://deeplearning4j.org）不仅有对如何 deeplearning4j 的介绍，也有对深度学习的一般讨论，你还能学到前沿的技术与概念。

SparkNet

这是本书介绍的最新的库。SparkNet 由加州大学伯克利分校 AMP 实验室于 2015 年 11 月发布。而 Spark 最早就是由 AMP 实验室开发的。因此，说 SparkNet 是"运行在 Spark 上的官方机器学习库"一点儿也不为过。此库提供了读取 RDD 的接口，以及兼容深度学习框架 Caffe（http://caffe.berkeleyvision.org/）的接口。SparkNet 通过采用随机梯度下降（Stochastic Gradient Descent）获得了简单的并行模式。SparkNet job 能通过 Spark-submit 提交。你可以很轻松地使用这个新库。

SparkNet 的架构很简单。SparkNet 负责分布式处理，而核心的学习过程则委托给 Caffe 框架。SparkNet 通过 Java native 访问 Caffee 框架提供的 C API。Caffee 是用 C++实现的，Caffe 的 C 包装器写在 SparkNet 的 libcaffe 目录下。所以 SparkNet 的整体代码库相对较小。Java 代码（CaffeLibrary.java）进一步包装了这个库。为了在 Scala 世界里使用 CaffeLibrary，Caffe 还提供了 CaffeNet。图 6-10 展现了 CaffeNet 的层级。

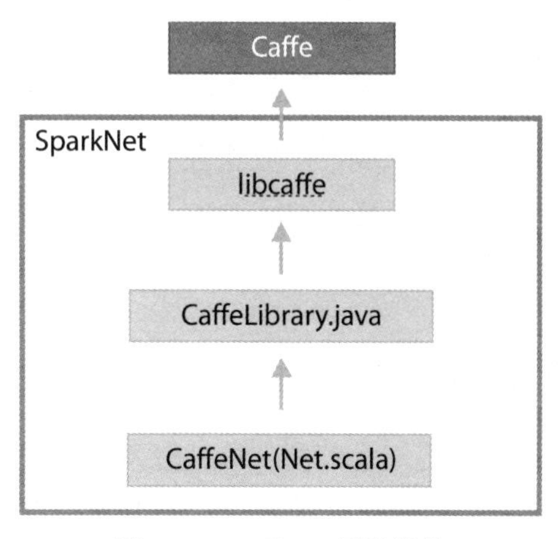

图 6-10　CaffeNet 层次结构

如果你熟悉 Scala，那么开发 SparkNet 的应用程序时只需要考虑 CaffeNet。而且你也可以使用 Spark RDD。它是通过一个 JavaDataLayer C++代码的包装器来实现的。除此之外，SparkNet 能加载 Caffe 格式的模型文件。这个扩展通常是通过.prototxt 来设置的：

```
val netParameter
        = ProtoLoader.loadNetPrototxt(sparkNetHome
            + "your-caffemodel.prototxt")
```

替换模型的输入，你可以在 Spark 上训练自己的数据。SparkNet 还提供了实用程序：

```
val newNetParameter =
        ProtoLoader.replaceDataLayers(netParameter,
          trainBatchSize, testBatchSize,
          numChannels, height, width)
```

顾名思义，每个参数的含义定义了每个阶段的批量大小和输入大小（训练、测试等）。这些参数的细节都可以在 Caffe 官方文档中进行确认（http://caffe.berkeleyvision.org/tutorial/net_layer_blob.html）。换句话说，使用 SparkNet，你就可以在 Spark 上通过 Scala 语言轻松使用 Caffe。如果你已经能熟练使用 Caffe，那么 SparkNet 对你而言可能会很容易上手。

Spark 在企业中的应用

在最后一节，我们想聊一聊遇到的一些企业实际用例。虽然有些内容属于公司机密不便公开，但是我们想解释清楚 Spark 能做什么以及怎样才能充分利用 Spark。以下都是我们公司的实际用例。

用 Spark 及 Kafka 收集用户活动日志

收集用户活动日志能帮助提高推荐的准确性以及将公司策略的效果以可视化形式呈现。Hadoop 和 Hive 主要就用在这个领域。Hadoop 是唯一能处理像活动日志这样的海量数据的平台。借助 Hive 接口，我们能交互式做一些分析。但是这个架构有三个缺点：

- Hive 做分析很耗时。
- 实时收集日志有难度。
- 需要对每个服务日志分别进行烦琐的分析。

为了解决这些问题，这家公司考虑引进 Apache Kafka 及 Spark。Kafka 是用于大数据传送的队列系统（见图 6-11）。Kafka 自己不处理或转换数据，它使大量的数据从一个数据中心可靠地传送到另一个数据中心成为可能。因此，它是构建大规模管道架构不可或缺的平台。

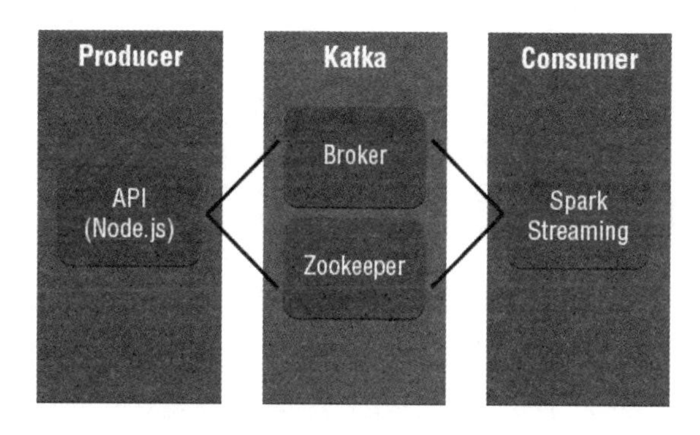

图 6-11　Kafka 和 Spark Steaming 的体系结构概览

Kafka 有一个叫作主题（topic）的单元，带有偏移量及复制管理功能。通过 topic 及一组名为 ConsumerGroup 的读取器，我们就能获得不同类型的日志单元。为了做实时处理，我们采用 Spark 的流处理模块 Spark Streaming。严格来说，Spark Streaming 是一个微批量框架。微批量框架将流分为小数据集，对这些小集合运行批量处理进程。因此就处理算法而言，批处理跟微批量处理没有什么不同。这是我们采用 Spark Streaming 而不是 Storm 或者 Samza 之类的其他流式处理平台的一个主要原因。我们能方便地把当前的逻辑转换为 Spark Streaming。由于引入了这个架构，我们能获得如下结果：

- **用 Kafka 管理数据的终结**。Kafka 自动删除过期的不需要的数据。我们无须处理这些事情。
- **使数据保存到存储（HBase）上的时间缩到最短**。我们可以把这个时间从 2

小时缩短到 10~20 秒。

- **由于将一些过程转换为 Spark Streaming，所以减少了可视化的时间**。我们能使这个时间从 2 小时缩减到 5 秒。

Spark Streaming 很好用，因为它的 API 基本与 Spark 相同。因此，熟悉 Scala 的用户会很习惯 Spark Streaming，而且 Spark Streaming 也能非常容易地无缝用在 Hadoop 平台（YARN）上，不到 1 个小时就能创建一个做 Spark Streaming 的集群。但需要注意的是，Spark Streaming 与普通 Spark job 不一样，它会长期占用 CPU 及内存。为了在固定时间里可靠地完成数据处理，做一些调优是必要的。如果用 Spark Streaming 不能非常快地做流式处理（秒级以下的处理），我们推荐你考虑其他流式处理平台，比如 Storm 和 Samza。

用 Spark 做实时推荐

机器学习需求最旺盛的领域就是推荐。你可以看到许多推荐案例，比如电子商务、广告、在线预约服务等。我们用 Spark Streaming 和 GraphX 做了一个售卖商品的推荐系统。GraphX 是用于分布式图处理的库。这个库是在一个 Spark 项目下开发的。我们可以用一种称为弹性分布式属性图（resilient distributed property graph）的 RDD 来扩展原始 RDD。GraphX 提供了对这个图的基本操作，以及类似 Pregel 的 API。

我们的推荐系统如下所述。首先从 Twitter 收集每个用户的推文（tweet）数据。接着，用 Spark Streaming 做接下来的微批量处理，每 5 秒收集一次推文并进行处理。由于推文是用自然语言写的（在本例中为日语），所以需要用形态分析（morphological analysis）把每个单词分离开。在第二阶段，我们用 Kuromoji 去做这个分离。为了与我们的商品数据库建立关系，需要为 Kuromoji 创建用户定义字典。这是获取有意义的推荐最重要的一点（见图 6-12）。

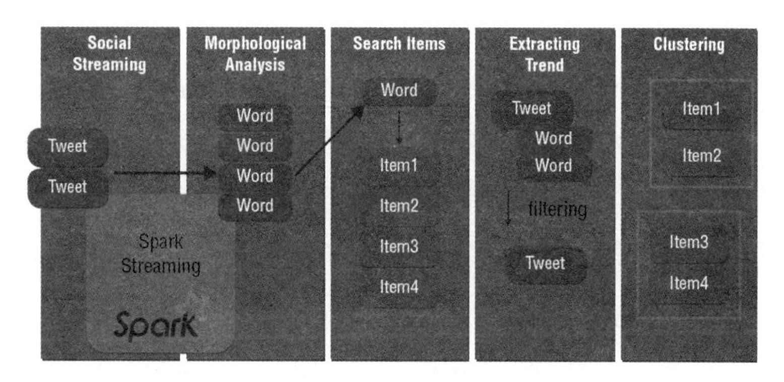

图 6-12　Spark Streaming

在第三阶段，我们根据每个单词与商品的关系计算出一个分值。我们还必须调整用户定义字典，使单词与商品之间的相关性更好。特别地，我们删除了非字母字符，并且增加特别的相关词汇。在这个阶段之后，我们就获得一个从每条推文中收集到的词的集合。但是这个集合中还有与我们的商品不相关的词。因此在第四阶段，我们用 SVM 过滤出与商品相关的词语，以有监督学习方式（supervised learning）训练 SVM：标签 0 表示不相关的推文；标签 1 表示相关的推文。创建了有监督学习的数据后，就开始训练模型。接着我们从原始数据提取出相关的推文。最后一步就是分析商品条目与单词的相关度。如果聚类成功，就能推荐相同聚类中的另一个商品给用户（见图 6-13）。

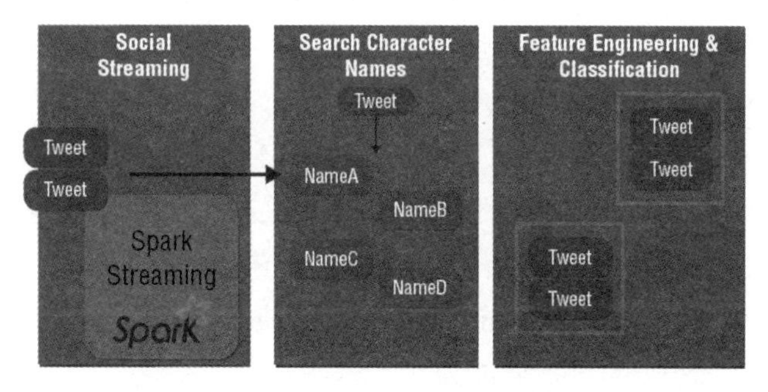

图 6-13　Spark Steaming 分析单词的相关性

虽然主要的麻烦之处在于创建用户定义字典，但是关于 Spark Streaming 也有一些地方需要注意：

- `Map#filterKeys` 和 `Map#mapValues` 不可序列化——在 Scala 2.10 中不能使用这些 transformation。由于 Spark 1.1 依赖于 Scala 2.10，所以我们不能用这些函数。这个问题在 Scala 2.11 中已经解决。
- `DStream` 的输出操作受限制——在目前的 `DStream.print`、`saveAsTextFiles`、`saveAasObjectFiles`、`saveAsHadoopFiles` 与 `foreachRDD` 中没有太多的输出操作。在其他方法中，什么操作都会有副作用。例如，`println` 在 map 函数上就没有效果。这为调试带来了困难。
- 无法在 `StreamContext` 中创建新的 RDD——`DStream` 是 RDD 的连续序列。我们能轻松分离或者转换这个初始的 RDD，但是在 StreamContext 中创建一个全新的 RDD 则很难。

在这个系统中，我们使用了 Spark Streaming、GraphX 及 Spark MLlib。虽然也能用 Solr 作为搜索引擎，但是 Spark 库几乎提供了所有功能。这是 Spark 最强的特性之一，其他框架则达不到同样的效果。

Twitter Bots 的实时分类

这可能是一种关于兴趣爱好的项目，请轻松阅读本书的最后一节吧。我们已经分析了游戏角色的 Twitter 聊天机器人（Twitter Bot），并且可视化了 Bot 账户之间的关系。与前面例子类似，我们用 Spark Streaming 收集推文数据。游戏角色的名字可能有不同的拼写形式。因此我们用搜索引擎 Solr 转换推文中独特的名字。在这个例子中我们觉得 Spark Streaming 的主要优点是，它已经实现了机器学习算法（MLlib）及图算法（GraphX）。因此我们能立即分析推文，不用准备其他库或编写算法。但是我们缺少数据去显示有意义的可视化结果。除此之外，从每个推文内容中提取出有意义的特征也不容易。这可能是由于当前我们手动搜索 Twitter 账户，推文数据不足而导致的。具体来说，Spark Streaming 是一个可扩展的系统，能处理海量数据集。我们认为应该利用好 Spark 的可扩展能力。

总结

在本章，我们解释了 Spark 核心社区开发的生态系统库，介绍了 ML/MLlib 及 Spark Streaming 的 Spark 库的具体用法，对于企业的各种用例及框架也进行了介绍。希望对你的开发或日常的业务决策能有所帮助。Spark 拥有灵活的架构，其社区也提供了大量生态系统框架，这一切使得 Spark 有广泛的应用场景。我们能从 spark-packages 上注册的包数量中看到 Spark 社区的活跃度。截至 2015 年 12 月 16 日，已注册有 161 个包[①]。spark-packages.org 发行已经过去一年，从中我们可以知道 Spark 社区开发及维护了相当多的社区库（见图 6-14）。

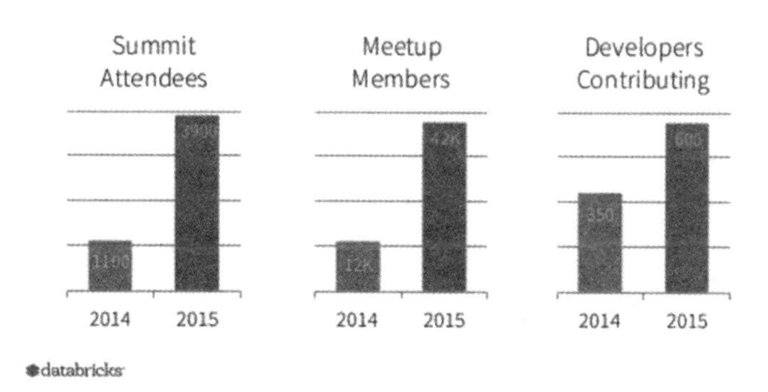

图 6-14　发展中的 Spark（http://www.slideshare.net/databricks/spark-summit-eu-2015-matei-zaharia-keynote/3）

Spark 社区是一个欣欣向荣的开源社区。最后，我们想对活跃的开发做一点说明。Spark 社区在不远的未来肯定会发生变化。因此，如果你想在生产阶段使用 Spark，请留意最新的信息。

① 截至 2017 年 2 月 3 日，注册的包的数量已达到 319 个。——编者注

上海市工程建设规范

DG/TJ 08-2329-2020
J 15388-2020

民用建筑可再生能源综合利用核算标准

Comprehensive utilization accounting standard for renewable energy of civil building

2020-09-15 发布　　2021-03-01 实施

上海市住房和城乡建设管理委员会 发布